猴 面 包 树

The

Julia Yang
Alan Milliren
Mark Blagen

An Adlerian Handbook for Healthy Social Living

Psychology

当阿德勒谈勇气

of

［美］杨瑞珠 ［美］艾伦·米勒林 ［美］马克·布雷根 著 花莹莹 译

Courage

上海三联书店

目 录

第三部分

应用

/242

第十章

激发勇气的艺术 /244

勇气激发者
苏格拉底式提问法
鼓励的使用
激发的过程
激发勇气的工具

◎工具 1：对话指南：苏格拉底式提问
◎工具 2：态度修正
◎工具 3：出生顺序
◎工具 4：在和谐中改变
◎工具 5：品质特性：定向反映
◎工具 6：建设性的矛盾情绪
◎工具 7：勇气评估
◎工具 8：亲师咨询
◎工具 9：E-5 团体面谈指南
◎工具 10：鼓励（激发勇气）
◎工具 11：工作环境中的家庭星座
◎工具 12：目标揭示："有没有可能"
◎工具 13：家庭首页
◎工具 14：希望是一种选择
◎工具 15：储备：7-11
◎工具 16：生活风格面谈：新版本
◎工具 17：迷失或被困？
◎工具 18：最难忘的记忆
◎工具 19：收集早期回忆
◎工具 20：只相信动向
◎工具 21：向上 / 向下 / 并肩前行：平等的关系
◎工具 22：一路向前

前言

为原则而战易，活出原则难。

——阿尔弗雷德·阿德勒

我曾听过这样一句话："真正有勇气的人会选择为了良善而承受恐惧。"在我与杨瑞珠博士（茱莉亚·杨）以及艾伦·米勒林在亚洲旅行期间，这句话一直萦绕在我脑海中。犹记得当时我受邀担任台湾新竹教育大学学术会议的主讲人，会上有一场美国和中国台湾地区专家的研讨会，茱莉亚、艾伦和我也在其中。我聆听着茱莉亚先后用流利的英文和中文发言，观众们也都全神贯注，我开始思考，在接受美国的研究所教育之前，她是如何在这种文化中成长并受到滋养的。她的演讲专业而高效，同时在两种文化中提及社会正义。我想到，她要放下本土文化所构筑的安全感（以及终身教授职位所提供的经济保障），作为一位单亲妈妈，带着两个年幼的孩子前往异国他乡开启崭新的征程，这需要多大的勇气？

艾伦坐在茱莉亚旁边。他刚刚结束从美国到中国台湾的长途飞行，随后又搭乘火车往返台湾南北。艾伦在启程几天前才获得医生的出行许可，但他充满活力，随行携带的轮椅几乎不曾使用过。艾伦曾经是一位终身教授，生活舒适。为了帮助他人学习阿德勒思想，他放弃了这份安逸。艾伦拥有舍弃安逸、追求使命的勇气。他选择为自己的价值而活，抛开了那些困住我们很多人的"诱惑、琐碎和捷径"。

勇气与富有社会责任的行为方式直接相关。这就是阿德勒学派所说的社会兴趣（social interest）。那些拥有勇气的人能够与他人合作，投身于社会正义；而那些缺少勇气（或是容易气馁）的人则会深陷功能失调的人生。勇气让人有能力面对工作、爱和友谊的人生任务。

在本书中，茱莉亚、艾伦以及马克·布雷根详细描述了勇气——又被称为"心理肌肉"，这也是他们自身所具备的。正如书名所示，这是一本关于勇气的书。基于阿德勒心理学或个体心理学，作者们提供了清晰的理论基础。该体系强调人格的"不可分割性"，以及生命的整体性。作者们重点阐述了如何实现五项人生任务，这是创造美好人生所必需的，并且提供了增进勇气的 22 个工具。我尤其喜欢贯穿全书的苏格拉底式提问。事实上，比起一本著作，这本书更像是一本健康生活的指导手册。我希望读者们有勇气阅读这本书，并且有勇气运用这些"工具"去实现心之向往的人生。最后，谨以阿德勒的名言与诸位读者共勉："商业或科学上的过失固然代价昂贵、后果严重，然而错误的生活方式会直接危害生命本身。"此外，也以《星球大战》中的一句话祝福各位读者："愿勇气与你同在！"

心理学和教育学博士乔恩·卡尔森

美国伊利诺伊州长州立大学心理与咨商研究所教授

序

我们必须了解，勇气是一种社会功能，因为唯有把自己看作社会整体的一部分，这样的个体才能拥有勇气。如果一个人以天下为家，他（她）会将生命中令人满意或难以接受的方面都看作自己的一部分，他（她）会将社会文化中的困难视作自己必须为人类整体而努力承担的人生使命，我们会在这样的人身上看到勇气。

——阿尔弗雷德·阿德勒[1]

为什么要写一本关于勇气的书？明明已经有很多书籍讲述如何更好地生活，为什么还要再写一本？关于幸福的人生，我们到底理解多少？它现实吗？要如何实现？什么是勇气？我们如何获得勇气、赋予勇气？当我们面对生活的诸多要求时，心理学如何帮助我们追寻勇气？

从冷漠到敌意

存在主义哲学家和心理学家将二十世纪的社会问题描述为冷漠。当时的人们深陷恐惧和焦虑之中，于是退缩到一种麻木（无情）的状态，无法对周围的世界产生感情。以"别管闲事"和"无所谓"为主题的人生态度一直延续到二十一世纪，这种无声而压抑的冷漠逐渐转化为对自己和他人的敌意。几十年前，鲁道夫·德雷克斯曾如此描述这种黯淡的生活景象：

人类，博学至此，却仍然对社会生活的某些基本要求一无所知。他们在家里无法安然生活，也不知道如何养育自己的子女。他们只能饮酒作乐，或者唯有在盲目追求、疯狂获取以及取得成就的过程中才能感受到人生的乐趣。无私的爱逐渐成为消逝的艺术，一切信仰都被视为陈旧过时，关系业已成为幻想一场。[2]

如今，生活问题似乎变得前所未有的糟糕，恐惧支配着我们在家庭、学校、工作和社会生活中的思想、感受与行动。随着新千年的到来，公共犯罪和破坏行为在区域范围和全球范围内激增，这令我们深信自己再也无法从容地生活在这个没有安全感的世界上，活出幸福的人生对我们来说更是一个遥不可及的目标。

与此同时，当今社会崇尚个人主义和物质主义，我们对既定的道德观和价值观的理解变得模糊不清、充满矛盾。在这个时代，我们很难再找到有利于个人发展和调整的社区支持系统。[3] 我们不得不孤军奋战。身处孤独的情感和社交世界，每个人都生活在恐惧的驱使之中。

对于社会关系的可预测性和可控制性的需要，令我们越来越难以接受生活本来的样子，而这原本是我们与生俱来的能力。那些出于良好的初心努力追求美好人生的人，纷纷沦为竞争和比较的牺牲品。我们意识到人生并不完美，竞争和比较就成了破坏性感受的滋生地。人人有享受幸福的权利这一设想和主张，与盛行的以自我为中心的文化现象直接相关。

从恐惧到勇气

为了增进个人幸福，创造一个更美好的世界，让所有人都可以感受到归属感和价值感，我们肩负着重重挑战。在这样的情况下，讨论社会生活的勇气尤为必要。在心理学文献中，勇气常常被忽视。接续在"科学世纪"之后的二十世纪也被称为"恐惧的世纪"，以及"心理学的世纪"。[4] 心理学诞生于一个混乱的时代，之前的社区价值观正被基于自然科学的价值观所取代，因此心理学也难逃被二十世纪的物质主义和个人主义支配的命运。心理学的初衷是促进人文关怀，却以失败而告终。与此相反，心理学一直以来过于关注对恐惧的分析，却忽视了对恐惧的另一面——勇气——的培养。

没有精神疾病并不意味着心理健康。仅仅关注精神疾病的存在与否，这对于心理学而言尚嫌不够。人类远比一切心理学理论所愿意承认的还要强韧得多。即便身处恶劣的生存环境，我们依然能够以最佳方式应对并获得最优发展，这才是健康的最好体现。个体健康和公共健康应当被看作幸福的必备要素，或是赋予个体力量，使其能追求幸福的品格基础。因此，心理学必须认可并重视那些促进和支持个体解决生活问题的价值观。在二十一世纪，我们需要有关怀他人的勇气。我们需要一门心理学来帮助我们直面恐惧，克服自身的不足，互相关心，带着勇气和希望承受苦痛，并与自己、家人、社会群体以及全人类和谐相处。

共同体感觉 (Community Feeling)：治愈冷漠的良药

在我的研究过程中，一项独具意义的成果是，我发现人类从一开始遇到困难，便终其一生地努力以求克服困难。这项发现貌似通向一个悖论，即卓越的成就往往源自勇于克服阻碍，它们并非由天赋能力所致，反而得益于天赋能力不足。

——阿尔弗雷德·阿德勒 [5]

根据阿尔弗雷德·阿德勒的观点，治愈冷漠的良药在于共同体感觉——我们与生俱来的特质和能力，这是个体心理学的核心理念。通往幸福的道路（说得更准确一些，也是通往生命意义的道路）在于拥有共同体感觉的勇气。阿德勒认为，衡量社会生活健康状态的标准是个体在贡献和合作中体验到的归属感的程度。共同体感觉能够激励并支持我们做好勇敢面对生活难题的准备，并且为自己和他人担负起责任。[6]

阿德勒心理学通常被称为个体心理学（Individual Psychology）。"个体"一词的英文单词 individual 源自希腊语，意指每个人独一无二的个性。阿德勒心理学并不是要将个体和社会对立起来，恰恰相反，它是一门强调个体发展，重视提升共同体感觉或社会兴趣的社会心理学。个体心理学遵循以下基本原则：

1. 人类是社会性的存在。生命的意义在于为了人类整体的利益，经由合作和贡献实现归属感和价值感。

2. 所有行为的目的都是在社会中获得存在意义和归属感。

3. 每个人都是一个完整的个体（即想法、感受和行为合一），人生的所有方面都是不可分割的（包括工作、爱、友谊／家庭／社会群体，以及与自己和他人的和谐相处）。

4. 我们会诠释自己的早期经历，在之后的人生中，我们的行为都会受限于这一意义框架。

5. 生命具有动向（movement）。我们生来具有克服、补偿以及以完美为目标不断奋斗的创造性力量。

6. 完美是一种主观虚构。在追求完美的过程中，我们必然会遇到过度补偿或补偿不足带来的种种问题。

7. 平等以归属感为前提。生活问题的根源在于个体和集体的自卑感。

8. 勇气和社会兴趣是普适性的价值观，是实现个人和社会福祉的目的和途径。

9. 个人的自由与社会责任并存。

10. 幸福是全人类的目标。当个体和社会充分认识到培养社会生活的勇气所蕴含的价值时，我们便可以实现这一目标。

全人类

勇气或共同体感觉并不是什么新概念。作为美德，它们已经融入了东西方的文化和精神传统。

作为社会理想的美德和道德，共同体感觉相当于基督教精神的博爱、儒家思想的"仁"、道家思想的"和"，以及佛教禅宗的超然物外的智慧。

作为个体的性格品质，共同体感觉正是经由勇气以及其他与之相关的对自己和他人都有益的社会态度共同造就的。

正如阿德勒所希望和相信的，这些态度或性格品质既是我们与生俱来的，也可以通过后天在家庭、学校或其他生活环境中发展而来。在心理学中，唯有个体心理学能够支持我们从内在、人际关系及外在系统的角度理解美德，发展美德。

个体心理学为我们提供了一个最具调整性的架构，帮助我们从多个角度理解什么是勇气，以及如何运用勇气改善社会生活。阿德勒因其关于女性和儿童的社会平等理论而闻名。他被认作自助和自我心理学之父，是认知心理学、存在主义心理学、人本主义心理学和积极心理学的先驱。[7] 阿德勒素有和东方的孔子及西方的苏格拉底齐名的美誉。他的共同体和自助思想对嗜酒者互诫协会（Alcoholics Anonymous）的联合创始人及其治疗方案产生了深刻的影响。[8] 诸如此类丰富的互联性赋予我们绝佳的机会，令我们得以发展和编纂适用于各种文化的心理学工具，通过使用这些工具，我们便可以发掘内在力量，收获勇气。

本书结构

我们把这本书的内容分为三大部分。第一部分"理论根基"包括三章概念讲解。第一章基于个体心理学的原则解释并定义勇气；第二章我们聚焦于社会兴趣的各个要素，最终形成一套心理健康的衡量模型；第三章既是概念讲解的延续，也是第二部分的引子。在第二部分"社会生活的勇气"中，我们详细阐述了各项人生任务，这一概念最早由阿德勒提出，而后由阿德勒学派的学者们进行了补充。

从第四章到第七章，我们将探讨工作的勇气、爱的勇气，以及参与社会关系的勇气，这是本书所提及的基本人生任务。爱的任务意指两个成年人之间的亲密关系。[9] 友谊 / 家庭 / 社会群体的任务（阿德勒最初称为"社会任务")覆盖的范围比较广，因此第六章和第七章都会讨论这一话题。我们将第七章命名为"归属的勇气"，关注的是社会生活的社会心理层面。在第八章和第九章，我们从存在主义和精神层面着手，探讨人类与自己以及宇宙相处的存在性任务。第八章"存在的勇气"涵盖的是我们与自己和谐相处的任务。第九章探究的是我们与宇宙和谐相处的任务，它也是与宇宙范围的社会兴趣（comic social interest）或精神归属（spiritual belonging）这一理念相关的精神健康的任务。

在第二部分的每一章，我们都会针对各项人生任务，深入探讨其内涵、恐惧背后的问题、补偿或退缩，并从阿德勒心理学的角度讨论如何以有益社会的态度面对这些任务。为了更清晰地阐明各项人生任务的挑战，我们引用了来自多位访谈对象、篇幅较短的反思和叙述。[10]此外，为了激发读者的思维与文字之间的互动，我们还使用苏格拉底式提问贯穿整个章节。

第三部分"应用"则包含 22 个助人的工具。在第十章"激发勇气的艺术"中，我们主要介绍了使用这些工具的几个重要概念：苏格拉底式提问、鼓励，以及激发要素。这些工具皆以阿德勒心理学的心理研究技术为基础，比如早期回忆、家庭星座（family constellation）

和生活风格评估。这些富有创意的方法旨在支持读者用于自我练习，或是支持他人探索以及获得勇气。读者们可能会发现，这些内容的使用方式多种多样，而且可以与本书的前两个部分互为参照。我们相信，勇气和共同体感觉是可以经由教导和学习获得的跨文化概念，希望这本手册也可以用于学术或技能领域的训练当中。

为了向读者准确传递个体心理学理念及其在当代生活中的适用性，我们的创作内容主要以阿德勒的经典著作及其学习者的部分作品为基础，但我们也力求通过文献检索或直接沟通的方式与阿德勒心理学家们进行学术探讨，以确保我们的观点准确无误。考虑到内容的易读性和吸引力，我们决定将所有引用文献和学术推论都放在本书最后的注释里。如果有读者渴望深度了解和研究阿德勒，研究阿德勒心理学如何包容这个领域当前的主要思想流派，那么我们相信，最后一章的注释可以为这些读者提供进一步探究的机会。

小结

阿德勒视自己的理论为面向普通大众的基本常识。在创作这本书的过程中，我们坚信，只要带着勇气去爱，去工作，去和自己、他人及世界和谐相处，我们就可以获得幸福。

我们期盼，在敌意和冷漠盛行的时代，无论是心理学专业人士，还是其他读者，都能够发现这本手册的价值，能够使用其中的信息和工具探索并激发勇气。最终，我们希望这本手册为诸位提供一份便捷实用的路线图，通过这份路线图，人人皆可实现拥有健康的社会生活的目标。

第一部分

理论根基

第一章

什么是勇气？

　　我认为勇气就是走进一座你知道随时都有可能坍塌的大楼，努力救人。

　　——2001 年美国世贸中心悲剧事件目击者（摘自 *Phillips*，2004 年）

　　小男孩亨利是一名适合手术治疗的癌症患者，仅仅是活着就足以让他感到庆幸。他力求充实地度过每分每秒。在长期面对死神的过程中，亨利活得非常有尊严。

　　——摘自 *Phillips*，2004 年 [1]

　　作为一名来自贫困城镇校区的老师，我每天都会与勇气邂逅。有时候是看到一位育有三四个孩子的单亲妈妈，在勉强维持生计的同时，还尽一切努力让宝贝们在爱中成长。有时候，勇气来自刚上一年级的孩子，她足够信任自己的老师，并告诉老师家里有人虐待她。勇气是同时由内也由外而生的力量——仔细观察，它简直令人敬畏。

　　——吉娜

　　勇气的故事不仅存在于英雄传记，也同样发生在普通人的日常生活中。勇气可以是一种美德，也可以是一种心理状态、态度、情绪、力量，或者是一个动作。然而，要建立一套勇气心理学却非易事。[2] 在面对障碍和恐惧的时候，我们并不知道勇气的最佳表现方式是什么，是不遗余力地克服还是竭力忍耐，是迎难而上还是坚韧不拔。努力追求自我实现，并不足以代表一个人的勇气，但是，努力克服痛苦与恐惧却毋庸置疑是勇敢的表现。[3] 某些做法在某一性别身上被视为勇敢，对于另一性别来说可能不合时宜。在不同的文化和精神传统下，勇气对于个体、家庭和社会群体而言都意味着多种多样的含义。

勇气心理学

简单来说，勇气是指面对困难时仍然拥有冒险和向前行动的意愿。当我们提出"什么是勇气"这一问题时，我们同时也在思索勇气的目的是什么，以及我们的勇气是为了谁、指向谁。勇气体现在一个人的思想、感受和行为中。我们不得不承认，勇敢的行为具有无私性和以他人为导向的特征。勇气是与生俱来的生命力量，让我们在追求自我实现的同时，能够认识到要以大众福祉为目标。

在这本书里，我们希望通过个体心理学的独特视角，支持读者理解勇气的概念，并且运用勇气。阿德勒通过积极的、现象学的、注重实效的研究方法理解人性，理解家庭影响，理解个体如何以个性化的方式满足工作、爱和社会等方面的生活要求。勇气，作为一种心理层面的建构，在这种研究方法中得到了最好的体现。

阿德勒是众多体系的先行者，他认为人类仅仅是社会整体的一部分，因此人生对于个体而言始终是不完美的。气馁的个体害怕失败，无法接纳不完美，缺乏勇气。气馁的个体会在夸大的自卑感推动下过度尝试，要么过度补偿或自我保存，要么补偿不足或逃避某些甚至全部人生任务(见图1.1)，以求努力获得成功。

我们相信阿德勒这一成熟的理论即是勇气心理学，它为我们提供了教授勇气的美德及其核心特征的最佳路线图。如图1.1所示，我们会着手处理基本的人生任务，包括工作、爱和社会关系(家庭/友谊)，还会处理存在性任务，包括存在(与自己和谐相处)和归属(与宇宙平等且和谐相处)，这些任务

图1.1 个体心理学的勇气模型(版权归Julia Yang所有，2008年)

不仅环环相扣，同时还与我们在早期的社会生活中获得的人生态度息息相关。我们对拒绝和失败的恐惧是所有问题的根源。比较和竞争是我们在家庭、学校以及工作中尤为典型的应对方式。解决这些难题的答案在于勇气。如果我们能够在合作和贡献的勇气中，将人生态度从自我兴趣转变为社会兴趣，改变就有可能发生。

恐惧与自卑

有勇气并不表示不会绝望，而是即便身处绝望，也拥有继续前行的能力。[4]

勇气在哲学、军事及宗教文学中的定义各不相同，但其中存在着相通之处。那就是，在勇气产生之前，必然先有对抗条件出现。勇气是针对危险、绝望或恐惧的回应。恐惧对于勇气至关重要，是勇气存在的必要条件。[5] 在感知到危险的瞬间，恐惧会立刻支配我们进行自我保存。作为对危险的回应，恐惧就像是报警系统，其目的是保护。如果恐惧能够与我们的直觉协同运作，发挥生存信号的作用，无疑是一份礼物。[6]

当我们面对周围的世界、与我们同在的世界，以及我们的内在世界，我们的恐惧就会加剧。我们害怕犯错、失败和被拒绝。我们担心别人的评价，因此不敢做真实的自己。我们害怕死亡，因此活在恐惧之中。恐惧就像是在不该有肿块的地方寻找一个肿块。我们害怕失去和变化。我们经由恐惧在过去和未知的未来之间搭建了一座桥梁。恐惧伴随着我们，如同影子跟随着阳光下的一切。

恐惧是基本且正常的，也很有必要，除非它的强烈程度超过了危险的严重程度。那样的话，恐惧就变成了焦虑。由真实情形或不明原因引发的恐惧通常千篇一律，在不经意间潜伏于我们体内。然而，毫无理由的恐惧足以控制我们，继而变成担忧或焦虑。焦虑会剥夺我们的自由，令我们孤立于这个令人不安的世界。与恐惧不同的是，焦虑的来源难以识别，它是由期望与现实之间的落差和矛盾所致。就存在主义的观点来看，恐惧是我们对于终极死亡感受到的怀疑和无意义的感觉。[7]

在个体心理学中，恐惧不只是一种情绪。对于感到自卑且感觉无力应对生活要求的个体而言，恐惧还带有某种目的性。恐惧可以用于不露痕迹地对抗，掩饰个体拒绝贡献或拒绝为自己和他人承担个人职责的意图。阿德勒会交互使用恐惧和焦虑这两个词。在阿德勒看来，焦虑是对社会生活的担忧，是拥有不完整感（自卑感）的个体努力追求完整感目标（优越感）的体现，尽管这样的努力令他们距离自己在社会中有所归属的渴望越来越远。

这个新目标（防止真正意义上的失败或者失败的感觉）带来了一种全新的、特征鲜明的生活形态。因为倘若害怕失败，一切事物就必须处于未完成的状态，因此，所有努力和动作就成了虚假的活动，总的来说，它们都会被用于无用的方面。[8]

如果基于恐惧生活，我们会任由恐惧主导自己的思想、感受和行为。通常我们回应恐惧的方式能够在瞬间带来还不错的感觉，或者让我们对自己或他人拥有短暂的控制感。而在内心深处，我们知道这并不是自己本来的样子，我们真实的渴望和需求并没有得到满足。一旦恐惧超过了问题本身，它就会令我们在与自己和世界相处时的发展和适应充满挑战。如果总是被恐惧控制，我们就会变得局限和盲目，看不清这个世界和它能提供的一切。

恐惧会带走我们的活力和远见。恐惧会降低我们的存在感和归属感。在极度恐惧中，对自己和他人的敌意（而不是和谐）会成为我们应对冲突的主要方式。处于恐惧之中，我们的生活会变得无助、绝望、毫无意义。一旦我们害怕失败，害怕不能取得成功，我们就会感到自卑。

自卑

　　从生物学的角度来说，我们生来都会感觉到渺小、无助和想要依赖他人。这种身体上的劣势也许是真实存在的，但是随着我们开始与照料者们互动，与兄弟姐妹互动，以及在性格形成期与家中以及学校里的玩伴和同龄人互动，我们渐渐形成了心理上的自卑感。只有身体方面才存在真正的劣势，而自卑感大多来自我们主观、评价性的感知，这些感知影响着我们的行为和感受。这种"不足"（less than）的感觉或是处于"减号"（minus）的位置会导致一个人要么产生非常普遍的自卑感，要么陷入夸大的自卑情

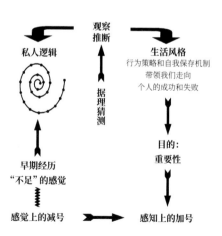

图1.2　从感觉上的减号到感知上的加号（版权归Alan Milliren所有，2005年）

结。[9] 自卑感并非个别现象，它同样存在于集体环境与精神层面。倘若不足感与社会的不平等结合，再加上生活意义或精神联结缺失，我们的归属感就会严重受阻。

恐惧和自卑要么促使我们采取对社会有益的行为，要么导致我们陷入缺陷感。

缺陷感是一种保护机制，让我们失去生活自由，免于承担生活责任。我们不再为社会生活的主要方面做贡献，反而任由恐惧和自卑推动着我们在"旁门左道"(sideshows)中忙忙碌碌，结果爱、工作和友谊方面的问题越来越难以解决。

在应对自卑感时，我们会本能地想要从减号或不足的感觉中走出来，为获得个人的优越感或感知上的加号(perceived plus)而努力(如图 1.2 所示)。这一心理动向得益于我们与生俱来的创造性力量，它体现在我们采用的行为策略、情绪，以及自我保存机制中。这股力量赋予我们个体的独特性，它会根据环境形成目标，进而带领我们走向成功或失败。

此外，它还会在不知不觉中推动我们从不完美的感觉走向感知上的完美或目的感／重要性／归属感。创造性力量激发每个人朝着生命早期形成的独特的人生目标前进。在这一运动过程中，我们的情绪、思想和行为与我们的私人逻辑以及人生计划保持一致（可参考第九章关于"奋斗"的讨论）。

在阿德勒看来，每个人都以独特的风格自居于内在的心理世界。我们的记忆、感知、情绪、想象和梦境都体现了我们会如何思考、感受和行动的整体性和独特性。他把这一整体性称作"生活风格"（life style）。所以说，生活风格是"带领我们走向成功和失败的行为策略和自我保存机制的总和"。[10]

在我们处理主观印象、接受或拒绝挑战、确定主观理解，以及评估如何在社会生活中做到最好时，生活风格能让我们以不同的方式运用自身经历。它发挥着"引导、限制和预测"的功能。[11]

以恐惧驱动的自卑感（或优越感）也体现在我们的生活风格中，在处理人生需求时，我们会依据生活风格利用自己所处的环境，而内在的创造性力量会相应地为我们制造障碍和提供选择。

在人类整体的心理动向之中……个体的行为乃是从不完整向完整奋斗的过程。相应的，人生路线整体具有不断克服的倾向，为了追求优越性而奋斗。[12]

生活风格是我们创造性地从不足的感觉向优越的目

标前进的认知地图。如果恐惧体现在自卑中，那么勇气就存在于激励个体向选定的目标运动的创造性力量里。胆怯或自我保护的个体往往会以指责、空想、自我中心、三心二意、竞争、追求不切实际的人生目标以及其他方式应对挑战，这些方式往往会造成更多错误的行为目标，比如不恰当地寻求关注、权力之争、报复，或者深陷沮丧之中。与之相反，富有勇气的个体的典型特征是不以自我为中心，不寻求自我保护，不谋私利，不自大，并且会欣赏他人的优点，有大爱，为他人着想，有胆量，充满希望，有同理心、价值感、忍耐力、行动力、定力和凝聚力，会鼓励他人，包容，具有整体性和再生力，与社会保持联结。

补偿

勇气最大的威胁来自准备不足，恐惧只是掩饰。个体缺乏勇气的根本问题在于害怕犯错。一旦身处一个关注错误的社会，我们的气馁感或不足感就会加剧。似乎我们越想努力做好，或者越想努力超越他人，我们的问题就变得越严重。

我们的恐惧主要受制于追求完美的虚构目标，以及用于补偿自卑感的优越感，即便这背后的动力是渴望成为有用的人。

如果将自我发展看作一个过程，那么障碍也可以带来积极作用。创造性力量是帮助我们将自卑感调整为补偿性的自我理想的驱动力。补偿的过程即为了克服不足感而付诸努力。这种补偿性的努力是让我们朝着"理想自我"前进的驱动力。每个人对理想自我的构想不同，因此我们与生俱来的对于完美的追求既可能导致我们走向失败，也可能带给我们社会归属感和价值感。希特勒就是走向失败的典型例子，而爱迪生、海伦·凯勒和贝多芬则是众所周知的运用非凡天赋战胜身体限制的代表人物。

在心理补偿的过程中，我们对无法取得成功、做不到足够好或被拒绝的恐惧经常会被创造性的目标掩盖，这些目标指导着我们的思想、感受和行为。举例来说，如果缺少接受不完美的勇气，我们自然就会补偿性地追求完美（比如通过广受赞扬的行为寻求认可和称赞，成为最受宠的孩子）。倘若这一最终渴望未能如愿，我们的努力方向就可能改变，走向反抗权威和权力，或者寻求其他不那么被社会认可但更为唾手可得的目标。

看待补偿的另一种方式是，虽然我们的基本人生任务（包括工作、爱和友谊/家庭）并不是泾渭分明的，但我们可能在某些领域表现出色，在另一些领域却未必。我们也许会将自己在某一任务领域的满足感用于补偿在另一领域的失败。在一个强调工作、个人身份和成就的资本社会，我们会看到更多不满来自家庭内部。如果社会对于男性和女性在工作和家庭的角色强调有所差别，这一失衡就尤为明显。

社会有用性和平衡感／和谐感是衡量补偿好坏的标准。[13]糟糕的补偿是指我们倾向于在某个或所有人生任务中过度补偿或补偿不足。过度补偿通常直接导致自大和傲慢等自我感觉被强化，而补偿不足往往令我们带着无助感和绝望感逃避责任。糟糕的补偿机制让我们获得了一种虚假的安全感，并在当下带来主观的权力感，但这种权力感实则正是个体缺乏勇气的体现，他们基于虚构的目标和心理伪装逃避人生任务，并且转向无用或虚假的补偿。他们在社会生活方面是怯懦的，这种生活风格令他们深陷孤立感。

反之，选择参与对社会有益的活动，是良好补偿的体现。良好的补偿能够将我们在感知上的不足转化为资源，比如社会责任、更紧密的人际交往、接纳并克服困难，以及社会勇气。其次，良好补偿的活动也会带来权力感、社会尊严和安全感。在处理工作、爱和社会关系方面的生活要求时，我们可以通过有益的态度实现社会价值，这些态度体现了自我肯定以及迎难而上的勇气。阿德勒认为，勇气是真实合作的前提，带着勇气，我们才能从无用的方面转向有用的方面，调适自己以面对人生任务，敢于犯错，并且获得社会归属感。反之，勇气不足会导致自卑、悲观、逃避，以及不良行为。

唯有视自己为人类整体的一部分，唯有在这个地球上和人类环境中都能有所归属，这样的人方能鼓起勇气朝着有益的方向不断前进。[14]

我们的问题源自我们应对外在生活环境的方式，以及我们对待人生任务的态度。个体努力克服问题的方式要么是无用的（过度敏感的补偿），要么是有用的（良好的补偿）。一旦个体感知到自己的生活风格与社会需求不一致，他们就面临着选择的考验。

他们必须决定，是基于害怕暴露不足而自我保护，还是顺应自然趋势与他人建立联结，并学习如何与自己以及社会和谐共处。

这一选择其实还是基于"勇气是多是少的问题"。[15]

与勇气并行的核心品格

勇气是恐惧和自卑的解药，我们必须经由勇气去满足生活要求。然而，勇气并不等同于无畏，也不能让恐惧消失。勇气需要我们对自己是谁以及身处困境时想要成为什么样的人具有强烈的意识。勇气是面对恐惧时的不屈不挠，需要智慧、耐心和忍耐力。勇气必须与其他品格并行，才能使我们评估风险、掌握技巧，并且解决问题。

唯有真正的智慧才能区分真正的勇气与虚假的勇敢行为。我们会看到有些人不能识别危险，抱有不切实际的乐观，并且基于恐惧对情形进行评估，这只不过是勇敢的假象。真正勇敢的人选择为了大众福祉承受恐惧，而表现出勇敢假象的人仅仅在乎自己感知到的好处或最害怕失去的东西。[16] 在面对恐惧或绝望时，真正的勇气意味着对情形进行谨慎的评估，同时也要结合个人的同情心和信心。虽然勇敢的举动是个人内在目标的反射，但是其结果往往会为他人带来不可估量的益处。

所以说，真正的勇气离不开评估性的态度。从认知角度来看，勇气是与信心密切相关的建构。"没有勇气就没有信心。"[17] 我们感知到的信心以及展现出来的行为都体现了我们愿意努力的勇气。当问到我们的努力指向谁，以及这一勇敢的举动会令谁受益等问题时，我们就可以观察到勇气的这一理性面。

在孔子重视的"仁"（对人类的仁爱和慈悲）的理想中，勇气是一项重要元素，"仁"的内涵与阿德勒心理学提倡的"社会兴趣"彼此呼应。仁的品质放诸四海而皆准，指引着我们的一切行为。根据儒家"智、仁、勇"的思想，孔子认为，仁爱和智慧先于勇气。如果缺少了礼节，以及好学和正义感等品质，勇气就可能会造成蛮横，这些必备的品质能够防止勇气导致某些人为所欲为。

子曰："君子义以为上。君子有勇而无义为乱，小人有勇而无义为盗。"

子曰："己所不欲，勿施于人。"

子曰："何以报德？以直报怨，以德报德。"[18]

勇气的价值不仅仅在于评估性的目标和方向，还体现在我们对他人的无私情感里。在许多与勇气有关的故事中我们都可以看到这一点，比如有些人凭着坦诚和正直选择自我牺牲。勇气的这一感性面与"博爱"（无条件的爱）的概念相似，博爱是世界宗教以及人本主义心理学的共同信念。就个体心理学而言，个体所追求的趋向完美的目标不仅为了自己，同时还为了全人类。

追求灵性是人类完美目标的具体化，也是伟大与优越的最高意象，人类在认知和情感上一向都自然怀有追求灵性的需求。举例来说，（基督徒）努力跟随神，愿意在神里面，回应他的呼召，与他同在——这一奋斗目标（并非驱力）指引着他们的态度、思维和情感。[19]

阿德勒常被尊为西方的孔子。[20] 他所提出的共同体感觉正如东方的实践智慧和热情一样重视道德品质，为社会描绘了理想的个人道德行为。

总体来说，若一个人的人生态度是乐观、有创造力的，并且乐于为了他人的福祉而合作和贡献，我们就可以从这个人身上看到勇气。与之相反，勇气和社会感觉的缺失会导致社会生活的全面失败。对适应良好并且拥有社会兴趣感觉的个体而言，其个人发展的过程时常体现着勇气。在这种感觉中，他／她对自我价值深信不疑，并拥有参与社会生活的坚定意愿。

勇气的精神意涵

近来，勇气被积极心理学定义为"面对外在或内在障碍时能够运用意志实现目标的情绪资源"。[21] 尽管依然不易理解，不过一旦结合了勇敢（英勇）、坚持不懈（勤奋）、正直（真实、诚实）以及活力（有趣、热情、生机、能量）等额外的性格优势，勇气就显而易见了。勇气被视为战士的刚毅，往往意味着要运用意志力（will power）在一个人的道德信仰与身体牺牲之间做出抉择。

不要将这里的个人意志力与存在主义的"权力意志"（will to power）混淆，后者主要关注人类在宇宙中的精神存在，我们将在第九章详细阐述这一话题。阿德勒心理学家们认为，人类的一切努力皆源自自卑感，自卑感推动人类向创造信念的权能意志奋斗。[22] 在阿德勒的理论中，人类将追求优越性作为虚构的目标，这是对自卑的补偿反应。阿德勒以尼采的权力意志概念作为虚构目标的理论基础。在阿德勒看来，"will to power"是个体渴望运用个人意志克服人生问题的创造性力量或心理内在力量。[1]它令我们要么在利他中实现正常的自我提升，要么陷在自我保护中无止境

1　由此可见阿德勒所说的 will to power 不同于尼采的权力意志，阿德勒更强调"能量"，因此本书将阿德勒所说的 will to power 翻译为"权能意志"，以作区分。——译者注

地追求完美。这一追求理想自我的目标也被理解为追求优越性。阿德勒也将敢于行动的意愿放在社会情境中加以描述:"唯有参与生活并且乐于合作和分享的个体,方可被视为具有勇气的人。"[23]

既然权能意志是赋予人类生命力的宇宙内在力量,我们有理由推断勇气实则是一个精神概念。二十世纪初期,哲学家赫伯特·加德纳·洛德将勇气描述为许多不同类型的推力 (pushes),他的论点与存在主义的权力意志论相似。我们生来具有克服困难的冲动 (推力),一旦遭遇阻力 (不带有恐惧),这一推力就会变得更加强大。尤其是在面对障碍并感受到恐惧或其他情绪的时候,我们会以更有力的推力反击从而克服这些障碍。这些推力可能是生理反应机制,也可能是不断发展的社交技巧。[24]

我们可以从同伴情谊、正义感以及自尊自重中看到更高级别的勇气。事实上,勇气最终存在于一个人的信念和信仰之中。在西方哲学中,意大利的神学家阿奎那认为,勇气是能让我们的思想抵抗一切险境的美德。对基督徒而言,勇气是圣灵的恩赐,带给我们自信脱险的资源。从这个角度来看,人类一直在发展与神之间的关系,勇气是神圣之爱的一部分。[25]

个体心理学强调的不断超越的渴望或运用创造性力

量克服障碍，其实是生命力的一部分，从"勇气"一词的中文字意（繁体为"勇氣"）可以看出来，勇气的根基在于"力"（力量）和"氣"（精神或能量）。勇气意指个体和宇宙的"生命力量"。勇气不只是当代心理学所描述的勇敢或意志力，在儒释道等东方传统文化中，勇气还被视作"氣"，或一种心理动力。这些拥有 2500 多年历史的传统文化往往更重视柔和、忍耐、淡然、无为、和平以及和谐。虽然这些价值观有时可能显得懦弱，但在其熏陶之下，随着文化的发展，人类对生命的理解也在不断累积，勇气已经成为常人的常识，他们坚定地以社会和谐为理想，并且相信这一理想将最终战胜以财富、名声、权力和成功为核心的竞争型理想。

此般思想与人本主义观点的"无形的力量"（quiet power）以及道家思想的"柔软为本"（soft courage）具有相似的意涵，即追求真理之道就是以柔性的勇气立身处世。[26] 道家强调和谐的概念，即简单、忍耐和悲悯是生命最大的宝藏，自然运行，生生不息。倘若结合尼采的永恒轮回学说，将权能意志概念解释为对丰盛生命的追求，这一观点就与道家的宇宙生命观奇妙地吻合了。

与勇气的精神目标及东方思想的探索异曲同工的是，阿德勒认为，人类必须生活在地球上，因而关心同伴是至关重要的。[27] 生命的根本意义在于为自己及共同体的最大利益做出贡献并进行合作，就这一点而言，个体心理学的社会兴趣富有宗教的意味。

不断努力奋斗的人类不可能成为神。神，是永恒的完美，他引导万物运行，是人类命运的安排者，他把人类提高至与他同等重要的地位，他和天地中的每一个子民说话，是完美中最具荣耀的代表。[28]

勇气的定义

在本章中，我们已经讨论过勇气是一种心理建构，它与创造性的力量息息相关，这股力量推动着我们通过良好的补偿从不足感走向优越感，而且这一过程会带来对社会有益的行动。勇气是一种精神力量，促使个体在面对逆境、多重价值观、困难与诱惑时，仍能勇敢前行，不屈不挠，并且坚守自己的价值观。阿德勒同样认为，拥有勇气意味着即使面对不确定的结果，依然愿意冒险。勇气是每个人都需要的"心理肌肉"[29]，它使我们能够通过合作和贡献顺利度过人生及生活的危急时刻。

我们已经论述过勇气是东西方文化共同提倡的一种美德。在感知到困难时，勇气是个体在认知／行为／情绪／精神方面做出回应的必需品。我们认为，勇气是一个人的自我理想和社会理想，需要我们运用自己拥有的理性和热情去克服生活中的阻碍。除此之外，在更高级别的共同体价值观的引导之下，为了全人类的福祉，勇气有时会以精神层面的能量形式存在。

探讨了勇气在心理、文化及精神层面的内涵之后，我们或可尝试为勇气下一个定义："勇气是来自外在与内在的创造性生命力量，促使我们纵然面对挑战，仍能基于对自己和他人的关怀向前迈进。勇气及勇敢的行为尤其体现在个体处理人生任务（工作、爱、友谊／家庭／社会群体、与自己及世界和谐相处）时愿意通过有益于社会的方式贡献和／或合作。"

小结

"师父，何为勇气？"年轻的旅人询问同行的伙伴。大师深思熟虑一番之后回答："没有任何意义。勇气只存在于行动中。"

两人默默前行，唯有鸟叫声不时干扰着他们的沉思。

最后，年轻人打破了沉默："难道我无法拥有关于勇气的想法吗？"

"一个人无法真正拥有任何东西。"大师回答。

"哦！但是，师父……"年轻人说，"在我的想象里，我已成就颇丰。我与恶魔对决，取得了不可思议的成功，并且克服了生命中的诸多挑战。倘若体验过如此伟大的事情，我必然知道拥有勇气是什么滋味。"

"理智一点，年轻人。"大师回应道，"要懂得分辨事实和自己的期望。"

"您是指我不能想这些事？"

"你可以梦想或想象自己渴望的一切，但那些并非你的真实成就。想法仅仅是想法。"大师回答，"想法只不过是过眼云烟，没有实质，甚至稍纵即逝。唯有借由你的行为，才能使勇气具有意义。"

"但是，师父，难道我不需要三思而后行吗？"

"生命在于动向。你也许拥有良好的意图，但是倘若从未实现，你终究一事无成。"大师回答，"就如同旅行一般，唯有迈出第一步，答案才会揭晓。换言之，你只能透过已经完成的事情窥见勇气。你必须将你伟大的想法付诸行动！"

生命在于动向。究竟是什么赋予这个动向以方向和目标？在第二章，我们将探究阿德勒提出的正向心理健康理论，由此说明我们追求完美，以及超越和克服的目标为何必须在关怀大众福祉的勇气中开花结果。

第二章

共同体感觉与心理健康

共同体感觉的价值再怎么强调都不为过。我们的思想会因此得到提升，因为智慧本就是群体环境的功能。我们会被赋予勇气和乐观，接纳生命中的好与坏，活得更有价值感。这样的个体会拥有自在且有价值的人生，因为他会以有利于他人的方式克服人类共同的自卑感，而不是个人的。无论是从道德层面，还是美学角度来看，美丽与丑陋最本质的区别都在于我们是否真正拥有共同体感觉。

——阿尔弗雷德·阿德勒[1]

什么是社会兴趣？

在阿德勒看来，人生"成功"的标准在于个体的个性健康程度，即以社会兴趣面对人生的程度。阿德勒使用"社会兴趣"（德语 gemeinschaftsgefühl）一词来描述个体心理健康的理想状态。就德文而言，其词义非常清晰；然而，若要转译为英文，却相当有难度。英文里并没有对应的单词可以表达 gemeinschaftsgefühl 的原意。最近，当我们在斯洛伐克讲学时，这一点表现得尤为明显。当时我们需要翻译人员翻译多个英文单词，比如 empathy（同理心）、respect（尊重）等，大多数情况下我们需要翻译的单词都有直接对应的翻译，在斯洛伐克语中也易于理解，比如 empathy

对应 empatie, respect 对应 rešpect。但是，当我们提到 gemeinschaftsgefühl 时，翻译人员也复述了相同的德文。他们表示，这个词不需要翻译，听众完全理解其含义。在英文中却并非如此。

我们需要很努力地理解 gemeinschaftsgefühl 的含义。多个英文词汇曾被用于传达此意，诸如 social feeling（社会感觉）、community feeling（共同体感觉）、fellow feeling（同胞感）、sense of solidarity（团结精神）、communal intuition（公共直觉）、community interest（共同体兴趣）、social sense（社会意识），以及 social interest（社会兴趣）。[2] 据二十世纪五十年代的研究显示，阿德勒本身似乎更偏好 social interest（社会兴趣）一词。然而，从阿德勒心理学家海因茨·安斯巴彻的晚期著作来看，他偏好使用 community feeling（共同体感觉）。我们也较偏好使用 community feeling（共同体感觉），但出于对过去已出版的大部分著作文献的尊重与敬意，我们在本书中也会交互使用 social interest（社会兴趣）一词。

社会兴趣并非与生俱来的能力，而是需要我们发展的潜能，就像学习加减法、投球或烹饪。如同任何教育经历一样，发展社会兴趣包括三项基本要素：第一，我们需要假定社会兴趣是合作和参与社会生活的自然倾向，可以经后天训练获得。因此，我们必须相信，它就在那里，等待着被鼓励，被激发。第二，我们需要承认，这一自然倾向可以扩展至合作和贡献的客观能力，以及理解他人和同理他人的能力。第三，社会兴趣能够成为影响个体抉择和动态的主观评价性态度。当然，倘若少了技能和能力的支持，单凭社会兴趣这一态度可能也不足以应付人生中的所有挑战。

人类生来具有社会兴趣的倾向，但必须通过生命早期的教养加以培育，尤其是通过对个体的创造性力量进行正确的引导。[3]

既已假定社会兴趣是一种必须有意识地加以培育的内在潜能，接下来，教育和训练的功能就在于让社会兴趣得到发展，将这一自然倾向转化为能力或技能。就像音乐、数学或艺术方面的潜能需要通过训练加以发展，社会兴趣也需要训练。基于这样的训练，合作和贡献的能力就会随之而来。简单来说，这些能力相当于接纳事实（意指合作）并追求更多可能（意指贡献）的能力。

阿德勒认为，生命呈现给人类两种相互矛盾的课题。一方面，个体必须应对现实环境中的严峻考验，必须具备合作的能力。另一方面，个体还需要具备贡献的能力，以促进社会进步。要解决这一两难问题，人类就必须在当下所需与社会进化要求之间找到一个平衡。[4]

合作

人类的合作能力几乎从出生起就开始发展，因为婴儿和母亲之间需要彼此合作。因此，阿德勒认为，母亲的首要责任就在于开始训练孩子发展社会兴趣。[5] 在母子关系中，社会兴趣的潜能开始成形。但是，母亲（或主要照料者）绝对不能将这一社会发展仅仅局限于自己，而需要将孩子的人际交往范围扩展至父亲、兄弟姐妹、其他儿童、陌生人等等。

在一个不断扩大的人际圈子里，合作能力的一大功能相当于认同能力。"认同能力也需要训练，而且唯有个体在人际交往中成长并感受到自己是整体环境的一部分时，认同能力才可能得到训练。一个人必须意识到，人生中的舒适与挑战都属于自己；他／她必须自在地生活在这个有利有弊的世界上。"[6] 以个体施与受的能力来展现合作中的社会兴趣，可谓最佳例子。个体不仅要感受到自己是整体生活的一部分，还要愿意接受生活中的好与坏。我们既不能是悲观者，也不能是乐观者，而是要基于现实处境有效地发挥功能。人活于世，既是生命的一部分，也需要和他人有所协同。

生命呈现的所有挑战都需要我们拥有合作解决问题的能力。若要"正确地"听、看或说，我们就需要全然放下自我，专注于对方或情境，并且与之产生认同。认同这一能力足以使我们获得友谊、人类之爱、同理心、工作以及爱情，它是社会兴趣的基础，唯有在与他人的协同中才可能得到练习和展现。[7]

在阿德勒看来，解决当前人生问题的唯一途径就在于发展高度的合作能力。评估个体社会兴趣的方式之一，就是观察这个人愿意合作的程度。当然，虽然很多人的合作能力有限，但是未必所有人都会在人生中遭遇如此严峻的挑战，可能生命从未要求他们达到如此高程度的合作，因此他们无法意识到自己其实缺乏合作能力。唯有处于艰难的处境和压力下，我们才能真正评估一个人的合作能力。[8]

贡献

生命的意义，在于对全人类有所贡献。[9]

人类不仅需要发展合作的能力，还必须发展贡献的能力——在为个人的发展和完美努力奋斗的同时，还拥有为他人的福祉努力的意愿。一个人无法独自生存，他／她的每一种行为和感受都会对人类同胞产生某种程度的影响。因此，阿德勒认为，个体的一大功能就是成为"兄弟的守护者"。[10]

要评估个体的社会兴趣，就必须将贡献的意愿纳入考量，这是另一项衡量指标。这里一个很重要的方面是，贡献与回报之间并非一对一的关系，个体的"给"要远远多于"得"。这一贡献的意愿必须优先考量他人和大众福祉，个人利益只能排在次要位置，而且仅仅作为优先考量的附加价值。当然，就如同昼夜交替一样，这一过程必然会增强个体的自尊，对社会有用的感觉也会带来自我价值感。

总而言之，个体必须在两个方面同时发挥作用：水平面和垂直面。水平面由日常社会生活的需求组成，是当下的一部分。它涉及个体与环境中所有元素之间的直接关系，包括个体直接或间接接触的所有人、事、物。

由此可见，水平面不单单局限于社会关系（就如只取社会兴趣的表面之意），而是指个人环境的总和。这一方面可被视为合作的连续面。

第二个方面究其本质是垂直的，由连续且向上的发展动向组成。它可以看作贡献的连续面。若只停留在水平面，就会构成一种从众形态，丧失了对未来或发展的元素的考量。若单纯专注于垂直面，则会导致个体在毫不关心当下环境的情况下追求优越性。

个体能否拥有高度的社会兴趣，取决于他／她能否在这两个方面保持一种平衡或均衡。

评价性态度包括一套完整的指导原则或价值，其中人类的共同利益和发展被视为个体努力的首要目标。

对于一个把成为完整的个体作为生命目标的常人而言，这就像是描述正常行为的相对准则。重点在于勇气、主动性和创造力，并将人的整体存在定位于运动和进步的动态基础之上。

心理健康的衡量

社会兴趣是我们施与受的能力的体现。[11]

人类的心理健康（或社会兴趣），在于在当下所需与社会发展要求之间取得平衡。为了更形象地描绘这一主观维度，我们将社会兴趣概念化为个体的贡献能力与合作能力之间的互动，如图 2.1 的流程模型所示。[12] 该模型假定所有人

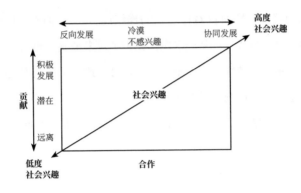

图2.1 社会兴趣作为心理健康的衡量指标

都拥有参与社会生活的潜能或倾向，而最终表现取决于训练结果。在恰当的心理氛围下，这一潜能或倾向更容易得到发展并成为一项实际能力。

该模型的对角线描述的是评价性态度——个体所展现的合作能力与贡献能力的总和。它包含了个体在应对和解决生活问题方面的态度和感受。如果我们能够主观测量出个体在横轴和纵轴上的合作与贡献能力，就可以在对角线上标示出代表社会兴趣发展程度的衡量结果。

横轴

上述模型的横轴由合作的连续面构成。在这里，"合作"一词不同于传统意义上的互相协助和支持，而是兼具积极与消极的含义，这是因为，在我们想要证明他人错误、自己正确的时候，想要占据主导地位的时候，以及想要伤害他人或者想要放弃的时候，合作亦是我们处理与自己相处这一人生任务的必需品。合作的态度不仅适用于人际关系领域，也适用于个体与环境中各个要素之间的关系。

举例来说，我们可以观察任何一个展现天赋或技能的人，比如一位颇有成就的钢琴家，如果他 / 她带着一种想要征服的感觉弹奏，或者借由钢琴获取优越感，抑或是以某种斗争的形式打败它，那么很显然这个人尚未精通他 / 她所研究的乐器 (或其他工具)。反之，从精于此道的钢琴家身上，我们可以看到他 / 她与钢琴之间展现出高度积极合作、和谐相处的关系。同样的，熟练的技工会以一种感恩和尊重的态度对待手中的工具，并与工具保持协同合作的关系。甚至在学科学习方面，我们也必须以积极合作的精神对待学习材料，否则学习必然受限。比如一个人是无法在斗争的态度中学会算术或统计的。

在上述及其他经证实需要高度积极合作的例子里，个体处于与另一个对象一起工作 (with) 的过程中，无论这个对象是有生命的还是无生命的。这样的关系可以被描述为和谐的、有共鸣的 (物理学的意义上) 以及协同合作的。相反，在更为常见的失败情境中，我们可以看到消极导向的合作态度。在这些情境里，没有一方愿意被打败或被掌控，各个要素彼此对抗 (against) 以求击败对方。从上述例子可见，一个不愿意学习钢琴的人，在某种意义上与钢琴是高度合作的，即钢琴不会以美妙的乐声回应他 / 她，也不会让人觉得他 / 她有能力弹琴。所以说，两者的动向是彼此对抗的。

因此，图 2.1 的横轴可以从更广泛的角度加以理解，它代表着应对环境中即时需求的能力，包括内在环境和外在环境。疾病和健康不佳往往来自一个人与自身生理机能之间的消极合作。从简单的层面来说，暴饮暴食会导致身体不适；从更复杂的层面来说，过敏可能是个体与环境之间消极合作的一种形式。

多年以来，我们已经知道，过敏本质上是免疫系统"出错"。当免疫系统功能良好时，它能够识别真正的有害物质并予以回击，从而保护我们的身体。这是身体保护我们免受细菌或病毒侵害的方式。但是，免疫系统有时候会出错，把无害的食物、花粉、灰尘或蜜蜂蜇伤当作危险物质。一旦你的免疫系统认为这些物质是危险的，你最后得到的就是过敏而非保护。[13]

这一连续面的两端代表着个体所展现的与整体环境要素之间的两种不同的合作动向——一种是"一起"的协同合作关系，另一种是"反向对抗"的敌对斗争关系。

连续面的中间点则代表着两种不同的行为类型。一种是把一切都看成理所当然的人，用冷漠或不感兴趣来描述再适合不过了；另一种是在"一起"和"反向对抗"关系中来回摇摆的人。所以，在进退不一的情况下，我们开始看到现今社会面对的危机：社会冲突、混乱、环境破坏。与环境之间是对抗还是协同，影响都很有限。但是，这两种行为都明显缺乏合作，至少从生态学的角度来看尤为如此。

纵轴

图 2.1 所示模型的纵轴代表贡献的连续面，需要通过双重角度加以理解。这一连续面由两个基本要素组成，简单来说就是"行动"和"效果"。行动的概念从物理学的能量概念提取而来，包括通过工作创造某种结果的能力，以及克服阻力的能力。能量的类比有助于我们更全面地理解这一连续面的行动，我们可以认为所有个体都在付出能产生贡献的努力，至少有这样的潜能。

在行动的考量中，形式并不重要，具有高度攻击性或高度消极性的可观察行为可以同样有效地达到相似的目的。举例来说，依附他人和咄咄逼人，都可以轻易使一个人变得讨厌。绝食抗议和禁食可以像军事行动一样有效地推动社会调整和改革。然而，我们必须谨慎区分身体活动与心理活动。在前述例子中，虽然可观察的身体行为大相径庭，从完全静止到恶意攻击、暴力，但都包含着高度的心理活动。

因此，更为重要的是行动的另一面——效果。从社会发展和进步的角度来看，行动的效果可以从高度建设性、有益的，到高度破坏性、无益的。总体来说，我们可以将这一连续面理解为带来变化，当然这样理解并不完全准确。贡献的连续面和带来变化之间确实存在差异，主要区别体现在没有发生可观察的改变或结果的情况下，但是此时个体可能正在付出相当大的能产生贡献的努力，无论其努力是建设性的，还是破坏性的。比如，一个人在明智地等待时机采取建设性的行动，此时此刻他虽然没有带来任何变化，但依然是有益的——如果等待是达成目的的最佳选择，更是如此。

针对上述情形，我们不妨以政治家的行为为例，有时候，这个人在处理事务时并没有太多动作，却会带来更积极的效果。事实上，从长远来看，"无形的力量"往往能够带来最大的成效。但是，如果有人目睹老者摔倒却袖手旁观，等着看谁会上前协助，他的目的是评估他人的行为，这看似有可取之处，却只能被归为一种无益的静止活动形式。他在必要的时候袖手旁观，其目的只是服务于自己。他利用这一情形来评估他人的行为，然后坐在一旁评判他人的努力。

贡献面的中间点代表没有效果或缺乏效果。它通常由无动于衷的心理活动所致，而不是身体活动，描述的是个体满足现状，顺从时下的社会规范。这样的人既不关心人类整体的发展，也不会为任何积极或消极的、建设性或破坏性的、有益或无益的发展方向付出努力。他们应对生活的方式就像苹果里的虫子，一心只想把他人的努力和贡献占为己用。

效果的最终评估形式只能从永恒的立场来看。富有建设性的效果会反映在为人类创造价值的动向中，并且带领我们走向更完美的生活形式；破坏性的效果从长远来看必然会带领我们远离社会进步和发展。

共同体感觉的勇气

社会兴趣贯穿生命始终。它会变得多样化，触及边界或不断扩展，而且在有利的情形下，它不仅可以扩展至家庭成员，还会扩展至更大的群体、国家，以及全人类。它甚至能够进一步延伸至动物、植物、无生命的物体，乃至宇宙。[14]

阿德勒使用的德文单词 gemeinschaft 并不局限于描述个体组成的共同体，还包括人类与宇宙之间的整体关系。随着一个人的活动范围不断扩展，他/她会和越来越多的生命建立关系，最终与社会、自然以及整个宇宙之间形成一种联结感。因此，他/她不仅需要与家人发展亲近的关系，还必须与整体环境建立关联。

这般心境和态度给予一个人的不只是社会兴趣的感觉，因为他需要作为人类整体的一部分行为处事；他尽可能真实地认识所处的世界，并感觉自在；他在失败的挫折中拥有勇气、常识及应有的社会功能。他既愿意接受社会生活的有利条件，在不利条件降临时也是一个输得起的人。带着对他人福祉的积极关怀，他是并且愿意成为自己命运的主人。[15]

生命中的一切失败皆起源于个体追求借由个人的权力

和地位获得重要性。因此，他们以个人的意义面对生活，从个人逻辑的角度看待自己在共同体的地位。在实现个人目标的过程中，受益的只有他们自己，获得的成就也只与自己有关。这样的人非常脆弱，唯有在涉及个人利益时才愿意合作和贡献。

与之相反，健康的个体受社会的影响，或者从更广泛的角度来说，受共同体的影响，与此同时，他们也影响着共同体。他们不仅对不同的环境做出回应，还会通过主观的人生态度改变真实的环境。所以说，个体对待共同体的态度反映了他们自身的主观创造，他们在多大程度上认同或感受到归属感是自身发展的产物。因此，作为心理健康最根本的衡量指标，共同体感觉可以在个体的内在和外在都得到发展。

心理健康的人生态度与个体的自我价值感及归属感有关。这样的人可以通过已发展的合作和贡献能力获得一定程度的重要性；他与宇宙和谐相处，能够依照自己生存于世的使命发挥作用；他在这个世界上感觉舒适自在，能够与所处环境协同合作；他对他人抱有强烈的认同感，并拥有良好的自我价值感和自尊。

以大众福祉为目标的人，视生命中的所有困难为己任，无论这些困难源自内在因素还是外在因素，他都会努力解决。可以说，即使生活在贫瘠的地球之上，"在造物主的居所"，他依然感觉自在。因此，对于发生在自己和他人身上的顺境或逆境，他都不会置身事外，并且合作寻求解决之道。这样的人将是一位勇者、合作者，且不求回报，因为回报已在心中。而他对人类福祉做出的贡献将是永恒的，他的精神永垂不朽。[16]

小结

社会兴趣并非个人拥有的某样"东西"或"特质"。它是一种理想，为我们的心理动向提供了目标和方向；它是一种愿景，让我们带着自己的不完美，为自身利益和人类的共同福祉奋斗。社会兴趣这一心理建构体现在我们富有勇气、信心、合作、贡献以及同理心的选择和行为中。社会兴趣是阿德勒认定的衡量心理健康的指标，亦对人本主义心理学及其自我实现的概念产生了深远的影响。[17]

阿德勒提出的社会兴趣具有划时代的意义。个体最理想的心理健康体现在合作和贡献的勇气中，这也形成了他 / 她对社会有用性和社会进步的感觉。为了理解 gemeinschaftsgefühl（社会兴趣或心理健康的理想状态）的整体概念，我们将在本书第二部分详细阐述，如何经由处理工作、爱和友谊的基本人生任务，以及与自己相处并发现生命意义的存在性任务，来实现理想的共同体感觉。

第三章

人生任务

真正的内在力量绝不仅仅源自天赋，还来自与困难的勇敢搏斗。胜利属于成功克服挑战的人。

——阿尔弗雷德·阿德勒 [1]

心理健康意味着拥有遵循和发展社会兴趣的勇气，社会兴趣为个人及共同体的所有努力确立了理想和方向。要观察社会生活的勇气，最佳之道在于观察我们如何克服挑战。阿德勒最早提出了贯穿人类整体生活的三大任务：工作（work）、亲密（sex）和社会（society），这是每个人都需要应对的生存性任务。后来阿德勒学派的学者们又增加了两项与生存性任务息息相关的存在性任务：与自己以及与宇宙和谐相处的能力。以社会兴趣为理想目标，人类为了克服问题和挑战不断奋斗，并且通过自身的合作与贡献实现上述人生任务。这些任务不可分割，我们需要经由勇气和社会兴趣进行自我教育并影响他人，最终我们将为整个人类共同体做出贡献。

基本人生任务：工作、爱和社会关系

人类所有问题皆可被归类在三大范畴：工作、爱及社会关系。个体应对这些问题的方式，揭示了其对生命的诠释。[2]

德雷克斯对三项基本人生任务提出了如下定义："工作（work），指对他人的福祉有所贡献；友谊（friendship），指个人与同伴及亲友之间的社会关系；爱（love），是最亲密的结合，代表存在于两个人之间最强烈、最亲近的情感关系。"[3]

爱的任务有时也被看作亲密任务（intimacy），友谊任务则包含了家庭和社会群体关系。这些人生任务在人类与所属世界之间建立了联结，也是人类合作与贡献的客观能力。阿德勒认为，对于一个有勇气且能够充分合作并投入这三项任务的个体而言，其生命意味着：对他人感兴趣，成为生命整体的一部分，以及对人类福祉做出贡献。

在阿德勒看来，相较于实现这些主要任务，其他所有人生问题均属次要。

事实上，这三大任务时时刻刻都在考验着一个人的社会兴趣程度。通过一个人处理这些任务的方式（是否具备勇气），我们可以了解到他／她的合作风格。

阿德勒指出，这三大人生问题相互交织，无法分开处理，是同一问题的不同层面。某一个问题的成功解决，必然伴随也促进着其他两项问题的解决。有些阿德勒学派的学者在这方面更具弹性，他们认为，个体有可能分别以不同的程度适应这三大任务，这种不同程度的实现并不会严格限制个体的功能。举例来说，一个人面对这三大任务的准备程度可能是不同的，在某一方面会做得更好，而某一项任务的成功也可能会补偿另外两项还有待训练或发展的任务。根据阿德勒心理学家韦的观点，对普通人而言，"虽然某一方向的杰出成就有助于补偿其他方面的失败，但最充分的人生满意度依然来自于对这三大任务全部做出回应"。[4]

在本书中，我们将阿德勒最初提出的三大任务称为"基本人生任务"：工作、爱（亲密关系），以及社会关系（包括友谊、家庭和社会群体关系）。这些任务是我们经由社会兴趣满足生活要求所必修的功课。在第二章，我们介绍了社会兴趣的"主观"要素，包括自然倾向、能力和评价性态度。正是通过这三大任务的训练，人类才能以合作和贡献的能力与客观的外在世界建立联结。

存在性任务：存在与归属

阿德勒学派的学者们持续探索生活本质的其他问题。他们在三大任务之外提出了两项额外任务，以求更充分地呈现人类生活的要求。其中，莫萨克和德雷克斯提出了人类必须面对的第四项人生任务："学习如何与自己相处，如何面对自己。"[5] 个体需要学习与自己共处，接纳自己的优缺点，放下对犯错的恐惧，这项任务非常重要。唯有如此，我们才能停止与自己对抗，进而有机会获取自己的内在资源。这一任务也被称为自我接纳（self-acceptance）或自我关怀（self-care）。[6]

第五项人生任务涉及人类与宇宙之间的关系。我们仅是整体环境的一部分，这个环境迄今为止依然远远超乎我们的理解。这就意味着，我们需要不断适应新的问题，与当下人类在地球上的生存问题相关的解决方案尚不足以处理这些新问题。这需要一种宇宙观（cosmic embeddedness），让我们为人类存在性的或超自然的生存找到意义。第五项人生任务还被称为精神任务，或者"精神、存在、寻找意义、形而上学、超心理学，以及本体论"。[7]

第四项和第五项人生任务本质上与存在性有关，在本书中，我们把与自己相处的能力称为"存在"（being）任务（与自己和谐相处），把与宇宙相处的能力称为"归属"（belonging）任务（与宇宙和谐相处）。归属任务处理的是我们在共同体以及精神世界有所归属的心理需求。我们生来具有与自己以及所属宇宙和谐相处的先天属性或自然倾向。存在任务和归属任务属于主观的评价性态度，超越了强调能力发展的三项基本人生任务。

存在性任务就好似来自内在和外在的源泉，让我们能够爱，能够工作，能够与家人、朋友和他人和谐相处。我们在基本人生任务上的努力，是内在和谐性的外在体现。伴随着基本人生任务的学习和训练，我们由衷尊重生命之本然以及生命共同体的体验，因而也获得了存在的力量。总而言之，三大基本人生任务和两大存在性任务构成了我们的生命动向，这一动向决定着我们的独特态度与生活风格。

桑斯特加德和比特等当代阿德勒学派学者还提出了其他任务，诸如亲邻照护的任务（照顾老人和儿童）、精神任务（与世界的广阔性建立联结），以及应对变化的任务。唯有成功地解决这些人生任务，我们才可能感受到并表现出归属感。[8]

标准理想

为了详述经由社会兴趣体现出的心理健康的理想状态，即标准理想（normative ideal），我们将结合"人生任务地图"加以说明，如图 3.1 所示。透过围绕着自我的非同心圆环，我们可以看到个体与不同生活情境之间的关系并不相等，而个体是联结各方的桥梁。从个体的自我开始向外延伸，经较小的家庭与同伴，到较大的社会群体系统，直至最外层——宇宙。我们可以假设，个体和不同的圈层之间可以有不同的距离，但与最靠近自我的前三个圆环之间的距离最近，这是为了强调一个事实，即对于儿童和青少年而言，这三个圈层通常更加显要，也更能代表个体首先关注的群体。外围的圆环也极其重要，因为它代表着儿童和青少年发展出的共同体程度。事实上，我们可以把这些圆环看作随着个体年龄增长而具有不同意义的发展阶段。由此，我们可以看到一个由多种多样的系统组成的不断延伸和扩展的整体环境，人类只是其中的一部分，而且社会兴趣确实存在。

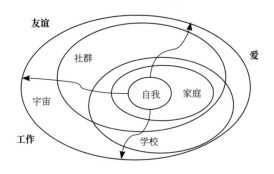

图3.1　人生任务地图（版权归Julia Yang所有，2008年）

除了自我之外，整个圆环系统可以分为三个大小不等的区域，每个区域代表一项基本人生任务。图中很明显的不等性体现了每项任务的独特意义，因为无论是在大多数实际情况下，还是在一般的假设情形中，这些任务完成的平衡性都与个体人格特质发展的均衡性成正比。既然个体的自我是这个不断扩展的圆环系统的基础，第四项人生任务（存在）就成了融入这个模型中必不可少的焦点。这并不意味着个体是宇宙的中心，而是指唯有当一个人学会与自我相处，他/她才能够有效地实践其他任务。第五项人生任务（归属）也通过指向宇宙万物之外环的箭头全然融入这一模型当中。虽然最大的圆环是用实线呈现的，但是它到底有多大、终点在哪里，这些我们并不完全了解，仍然需要进一步探索。

社会兴趣贯穿于图 3.1 的方方面面。整体来说，它意味着 gemeinschaft（社会群体、共同体）与 gefühl（个人感觉）的融合，这是社会兴趣的完整概念，体现了社会兴趣得到最充分发展的范围和强度。

从这一模型来看，社会兴趣描绘的是"可能性是什么"（what can be），而非"现状是什么"（what is）。它为个体的努力方向树立了一份理想，而非标准或中间值。它已经超越了适应的概念，还富有勇气、主动性和创造力的意涵，将人类的整体存在定位在运动和进步、归属和合作的动态基础之上。这确实代表着一种理想标准（ideal norm），因此也可以用作个体发挥功能时参照的行为标准。其中的差异则是衡量个体心理健康状态的一种相关指标。

逃避人生任务

图 3.1 中的曲线箭头代表个体在走向更广阔的人生环境时的非线性发展。人生问题，其实都来自个体以特定的方式与所处世界之间的互动。我们相信，人类所有问题的根源都在于没有能力实现人生任务。沃尔夫曾用马戏团和杂耍表演的比喻描述我们想要逃避人生挑战（即含有社会兴趣的主要活动）的倾向，然而，唯有带着智慧和勇气去面对这些基本任务，我们才可能拥有美好的人生。[9] 倘若缺乏足够的社会兴趣，我们的人生态度便会误导我们置身于"旁门左道"之中，这会妨碍我们积极参与对社会有用的活动。另一种逃避方式是只专注于一两项人生任务而忽略其他。这也是有问题的，因为我们是一个完整的个体，所有人生任务都是密不可分的。

人类未必能够在各项人生任务上皆均衡发展，有些人或许会发现自己克服某个人生问题的能力强于其他问题。一个人的工作成就也许甚于亲密关系的发展；或者，相较于处理谋生的难题，他认为发展亲密关系或社会关系更容易。精神病患者通常在三大问题上全部失败，而神经官能症患者虽然整体适应不佳，但是往往只在一两个方向上遭遇失败，其他方面仍然保有社会兴趣。[10]

在一个或多个领域创造性地逃避人生责任的个体，其行为模式与认知乃是受到恐惧的驱使。他们害怕失败、被拒绝、不够好或不够多、被陷害、被评价、未知与不确定、太多或太少的选择／责任、被控制或失去控制，等等。这样的个体没有勇气通过合作和贡献参与生活，反之，他们将精力集中在比较和竞争上，这通常会导致他们在面对人生挑战时要么反应过度，要么反应不足。他们依靠惯性逃避处理自己的恐惧，习惯做法包括：支配、顺从、模仿、依赖、傲慢、犹豫不决、拖延、成瘾，以及其他常见的无用或糟糕的补偿行为。[11]

这些无用的或基于恐惧的人生态度常常使得个体深陷错误目标和"旁门左道"（而不是参与主要的人生活动），无法发挥正常的功能，并且消极地排斥和疏离社会、家庭以及工作关系。此类"旁门左道"的问题包括：对家庭过度效忠、持续无所事事、能力不足、懒惰、忙忙碌碌、抑郁，以及神经官能症。很可惜，那些创造性地选择逃避人生问题及人生需求的人，同时也错失了承担主动性和责任以创造美好生活的机会，讽刺的是，基于恐惧的努力只会让他们的恐惧成真。

显而易见，勇气是解决逃避人生任务或不良补偿导致的问题的唯一答案。阿德勒学派的学者们发现，在以"旁门左道"为主旋律的人生背后，一个常见的主导因素是充满挫折的童年生活。对这些个体而言，最佳疗法在于认识到面对人生挑战其实比"旁门左道"更安全，以及应当采取行动克服困难并帮助面临同样困境的同伴，让自己在实际行动中重新鼓起社会兴趣的勇气。一般来说，我们可以从乐观、富有创意并且乐于为他人的利益合作和贡献的人身上看到勇气。反之，缺乏勇气和社会感觉是导致个体在社会生活（即工作、爱和友谊）中所有失败的关键。

阿德勒认为，要想实现真正的合作，从无效适应到有效适应，面对人生任务敢于犯错，以及拥有归属感，都必须以勇气作为先决条件。富有勇气的个体也能较好地发展出社会兴趣，并且与自身所在的世界建立更好的关系。与之相反，缺乏勇气会引发自卑感、悲观、逃避和不当行为。若要解决与人生任务相关的问题，个体需要获得全新的视角，重新认识自己的恐惧、自我保护的趋势以及逃避人生任务的实际行为，如此一来，他／她才能够鼓起勇气远离被恐惧驱使、无用的"旁门左道"心理，转而投入需要社会兴趣的主要人生活动当中。

我们认为，倘若个体拥有亲密且充分合作的爱的关系，能够带来对社会有用的工作成就，拥有很多朋友，人际关系广泛且富有成效，如此便可以得出结论，这样的人视人生为富有创意的任务，这项任务蕴含着诸多机会，没有什么困难是不可克服的。他／她面对所有人生问题所具备的勇气，都可以用这段话来描述："生命意味着对他人感兴趣，成为整体的一部分，以及对人类福祉做出贡献。"[12]

小结

在本书的第一部分，我们尝试提供概念性的定义和理解，以阐述勇气和共同体感觉如何相辅相成地推动个体迈向自己的人生目标。在本章，我们聚焦于介绍人生任务的内涵，以及它们如何构成一种标准理想，用以衡量个体充分有效发挥功能的心理健康状态。至此，我们已经基于个体心理学呈现了勇气、共同体感觉以及人生任务的理论基础。

接下来，我们准备着手介绍特定的人生任务，并在这些章节中更深入地探究个体处理问题并实现理想的社会生活的独特方式。在第二部分，我们还将阐述共同体感觉以何种方式启发并支持我们带着勇气面对人生问题，为自己和他人承担起责任。我们会结合每一项人生任务详细探讨个体所抱持的人生态度，以及个体在多大程度上拥有为解决人生整体问题进行合作并做出贡献的勇气。

第二部分

社会生活的勇气

第四章

工作的勇气

笑口常开；赢得智者的尊敬和孩子的喜爱；得到诚实的批评家的欣赏，承受虚伪的朋友的背叛；欣赏生活的美；发现他人的好；养育一个健康的孩子，或者开辟一块馨香的花园，抑或是改善社会条件，让这个世界变得更美一些；确知至少有一个生命因你的存在而活得更轻松。这就是成功的内涵。

——拉尔夫·瓦尔多·爱默生

爱默生的这段话出现在了伯特的葬礼悼词里。伯特死于多发性心脏病，那天，他一如往常地结束了一天的工作，在催促同事回家后又独自留下来处理未完成的事情。伯特已经忙碌了很长时间。他一向热爱工作，他的学生和同事经常找他请教问题。人们总是未见其人，先闻其笑声。每当有人对他不同寻常的工作精神感到好奇时，他都会说："生活美好，乐在其中。"对伯特来说，工作意味着自我价值、以他人为导向、发挥作用，以及喜悦。而在本章中我们可以看到，对不同的人来说，工作可能具有很多不同的含义。

什么是工作？

工作是对一个人的生存、家庭供养和社会生活而言最重要的人生任务。除了为生存提供经济来源，工作还具有许多心理和社会层面的意义。在工作的时候，我们心怀热爱，这不仅出于个人利益，还是为他人负责。阿德勒心理学将"职业"定义为"对共同体有益的任何类型的工作"。工作包括孩子的游戏、家务活动和学校功课，还包括我们在一生中为了履行各种职责而从事的有偿或无偿的活动。从精神层面来看，工作是一趟旅程，我们通过工作得以表达自我概念，并在相互依存中实现人生目标和归属感。

在工作中，我们鲜少孤军奋战。工作的勇气要求我们必须与他人合作，为实现一个更美好的世界而有所贡献。从社会兴趣的角度来看，工作能够勾勒出我们的目标和行动，形成了我们有用或无用的感觉。我们的自我感觉和共同体感觉究竟会阻碍还是促进我们参与工作，这一点要依勇气而定。

要不要工作，并不是一个问题。唯一的问题在于，我们的工作程度是否充分。我们必须工作，否则就会挨饿。"没有工作的生活无异于行尸走肉。"[1] 那些不工作的人，需要依赖他人的工作来获得生活支持。他们的社会兴趣很低，自我兴趣却很高。在个体心理学中，工作是实现美好生活的三大基本任务之一。我们需要社会保护，因此需要在社会体系内一起工作、合作贡献。工作并不是孤立完成的。虽然通过工作补偿自卑感是人之常情，但是我们的工作必须为人类同胞带来贡献。

苏格拉底式提问 4.1

以下列举了人们对于工作的一些常见假设。[2] 问问你的家人、朋友或同事，他们对这些假设有何看法？将他们的看法与你自己的进行比较，其中的差异或相似之处，有哪些是令你感到意外的？

- 每个人都有一个最适合自己的职业。
- 一旦选择某个领域，这一选择就无法更改。
- 一个人在任何感兴趣的工作上都能获得成功。
- 努力和动力可以克服所有阻碍。
- 源自内在的工作满足感比源自外在的更好。
- 大多数人都不喜欢自己的工作。
- 如果不是情非得已，大多数人都宁愿不工作。
- 教育选择与职业选择基本上是一致的。
- 未来人们会工作得越来越少。
- 一个人越早做出职业选择越好。

个体的自卑感

在当今社会，工作是一个人获得认可、财富、权力、地位和名望的最容易被接受的方式。对大多数人来说，工作是通往成功或优越感的道路。这个社会的个人主义和资本主义价值观都要求工作者要生产、表现和竞争。我们害怕自己达不到预期的生活标准，所以为了循规蹈矩的生活方式工作，积累安全感。结果，很多人就这样一直工作到退休。此外，工作中还有一个引发自卑的因素是，我们必然会体验到源自内在和外在的恐惧。这种恐惧由于专制型和惩罚型的管理方式而变得更加强烈。在满足外在的工作要求和追求进步时，我们会加倍努力工作或者暗中操作，以克服自己对于犯错、不被认可和失败的恐惧。

从个人层面来看，我们的工作问题主要源于自我保护以避免失败的需要，我们通过过度工作或者草率工作来逃避全部或部分的家庭责任、学业责任和工作责任。许多人在完成必需的教育之后进入职场，却没有做好迎接工作挑战的准备。在骄纵和保护中长大的年轻人，在大学毕业后无论能否找到工作，都会回到父母身边。经济波动和失业潮虽然导致许多人遭受打击，但似乎也成了一些人的借口，比如那些找不到合适工作的人、没有工作动力的人，以及由于各种人际关系因素不能保住工作的人。

　　我只想确保自己这一生能够有所作为。当我准备成家时，如果我想在星期天去教堂，就要先确定自己可以在星期天不上班。我要赚很多钱，让家人生活富裕。不管发生什么事，我都要确保他们能够得到照顾。但是，即便我真的赚了很多钱，我也希望我的孩子们能够自己去挣零花钱买东西，我觉得这很重要。我们社区的高中看起来是一所贵族学校，其实名不副实。学校里虽然都是有钱人家的孩子，而且主要是白人，但大多数孩子都很傲慢、愚蠢、为所欲为。我不希望自己的孩子跟那些人一样。我希望他们去工作。

——荷西

　　艾伦问18岁的荷西接下来有何打算。荷西说他在学校目睹了太多贫富差距和不平等待遇，他已经选择从社区大学退学，加入海军。高中或大学的课程要么太复杂，要么太简单。

　　对这个年轻人来说，公平公正至关重要，因为他已经经历了诸多不公，不仅是在学校，还包括在家里与继父之间的数次身体冲突。他计划今后从事刑事司法工作。

荷西理想中的美好生活就是一个人努力工作便可致富，但不幸的是，这份理想会面临极大的现实落差。我们相信好的教育可以带来好的工作，但这只是缺少事实依据的假设，不一定适用于所有人。讽刺的是，许多青少年和成人都像荷西一样，准备不够充分，却怀着对财富积累、社会地位和稳定生活的梦想。

苏格拉底式提问 4.2

荷西的事业目标是否切合实际？荷西从大学退学并加入海军，你从他身上看到了哪些优势？[3] 荷西如何看待自己、其他人以及这个世界？荷西还有哪些人生态度？这些态度是基于恐惧还是勇气？荷西如何调整自己对于事业的想法和决定，从而让自己准备得更充分，更具有适应性？

一旦试图逃避对工作的恐惧，我们便会产生消极的工作态度。气馁的工作者无法带着勇气面对工作挑战，而是会陷入"旁门左道"，比如胆怯、拖延、懒惰、犹豫不决、视一切为理所当然、自认为是受害者，以及缺乏动力等等。基本上，这些行为体现的是个体的不足感，他们工作草率，以逃避自己感知到的失败威胁。

这些不足感又因我们自己的野心、完美主义、时间 / 资源不充分的主观感知以及其他引发冲突的责任而变得愈加强烈。我们永远无法达成目标，因为完美是主观虚构的，并不真实存在。完美只是我们虚构信念的一部分。其他虚构信念同样激发了我们内在的气馁，也造成了工作中的种种问题，比如"我必须掌控""我必须说了算""我必须得到"。[4]

那些为了寻求认可和外在奖励而工作的人，一旦得不到认可和奖励，工作就变得毫无意义。一旦通过过度工作来补偿自己的不足，我们就会有意或无意地妥协，或者忽视自己的亲密关系、社会关系、自我照顾，也看不到更深层的工作意义或生命的整体意义。气馁的工作者常常有诸如此类的抱怨：疲惫、压力、缺乏活力、自我怀疑、负担过重或角色冲突（家庭和工作之间），以及缺乏个人的掌控感。

集体的自卑感

个体和群体的自卑感常常催生令人沮丧的工作环境，其中充斥着基于恐惧的认知和行为。一旦个体对自己的身份感到不安，他们所创造的环境就会同样剥夺其他人的身份认同感。如果工作者认定工作是战场，他们关于"要么做，要么完蛋"的认知就成了很多人自我实现的预言。[5]领导者因为害怕消极后果而强调限制潜力，这样的情况屡见不鲜。工作环境中的恐惧尤为清晰地体现在刻板的规则和程序上，一旦出现失败或损失，责难就会轻易降临到某些人身上。

这些看似是关于个人的恐惧，其实在工作环境中往往体现了"谁比谁好"或"谁不如谁"的集体态度，不仅助长竞争风气，还会将不平等和歧视合理化。一个非常常见的例子是，关于人人皆有平等的教育和工作机会的争论（即质量与定额的问题）。

"白人没有机会。"

"感觉很复杂……当事情显然不公平时，我们会刻意努力修正。可是我认为到头来，那些曾经被压抑的人一旦取得立足之地，就会变得予取予求。"

"我了解在历史上白人曾经伤害过黑人，但是现在让步总要有个底线。"

"黑人学生在学业上可能并没有做好准备。但我试着对所有学生一视同仁，关注每一个人表现出来的优点，而非其他。"

"全是鬼话。美国白人总是有办法得偿所愿……黑人总是被迫种族隔离，现在他们终于能够享受到白人一直以来拥有的一切。"[6]

在一次关于种族问题的校园调查中，来自一所以白人为主的小型大学的职员、学生和教授给出了上述评论。然而，一位西班牙裔的研究生却给出了完全不同的看法，她说：

"为什么白种人始终不明白——他们终身享受的好处难道得益于平权运动？"

工作问题本就因为经济形势的瞬息万变而变得挑战重重，如今又因为机构、社会和文化层面的人权问题而愈加严峻。纵观人类历史，法律和政策的制定和实施都是为了排斥所谓的"外来群体"。外来群体通常被置于劣势地位，以维持主要群体的现有地位。

一直以来，无论做什么我都会表现出色，一部分原因是为了颠覆负面的刻板印象，向他人证明我是有能力的。

——一位男同性恋者[7]

很多女性和有色人种工作者都有类似的心路历程。基于性别、种族或性取向形成的权利差异，强化了人们在求职、留用、薪资及晋升上的不平等。在通往成功的职业道路上，被认定处于劣势地位的人或少数族裔往往会遭遇诸多阻碍。他们需要持之以恒，加倍努力。他们可能会内化那些压抑本性的外在价值观；他们会觉得自己"不够好"，始终无法在工作中看到自己的价值。

苏格拉底式提问 4.3

回想一次特定的事件：你第一次意识到工作上的不公平。当时发生了什么？那件事如何影响了你对工作的想法和感受？你是否因为那件事带给你的启发而改变了工作方式？

新恐惧：多变的职业生涯

"铁饭碗"和线性职业生涯的时代已经过去了。二十世纪中产阶级工作者的职业理想是许多人都未能实现的，在新千年，对荷西这样的人来说，这一梦想已然破灭。荷西的最佳选择是好好利用最初的工作机会，在现有的工作机会中建立社交网络，持续发展新技能和就业能力，从而让自己的适应性越来越强。

二十一世纪的职业生涯是多变的，受个人推动，并跟随个人内在和外在的变化随时更新。传统的生涯概念强调工作机构、晋升、低流动性，以加薪作为成功标准，重视组织承诺；如今，对于愿意选择多变生涯的工作者来说，工作的勇气在于另一种成功，即注重个人的自主性、自由和发展的核心价值、高流动性、心理上的成功、满足感，重视专业承诺。

多变的职业生涯（protean career）是一种由个人而非组织主导的过程。它包含个人在教育、训练、不同机构的工作经历以及职业领域的变化等方面的所有经历。一个人多变的职业生涯选择和自我实现的探索形成了其统一或综合的生命元素。而成功的标准是内在的（心理上的成功），并非源自外在。[8]

在从传统的工作概念向多变的职业生涯转变的过程中，我们面临着新的担忧和恐惧。众所周知，希腊神话中的海神普罗特斯（Proteus）变幻不定，但是，除非被抓住并被困住，否则他无法变回原形。"普罗特斯人"（Protean Man）[9]

正是对因多变的世界及认同感和归属感的需求而不停改变的矛盾心理的最佳写照。

许多因素都会影响个人的工作成就、满足感和稳定性。大多数工作者都没有应对失业的备选方案。男性和女性都经历着来自工作和家庭的双重考验，这使得他们必须重新检视自己的性别和生活角色。我们在发展上遭遇的阻碍往往是有前因后果的，需要整个系统的干预。《小火车做到了》(*The Little Engine That Could*) 那本书里的小火车头，不仅面对着爬坡的考验，还要面对来自不同岔道的干扰以及大千世界的阻碍，这个瞬息万变的社会已不再为我们的人生旅程提供单一明确的路径。

苏格拉底式提问 4.4

你会如何解决在工作上遇到的问题？你，以及和你共事的人，是欢迎改变还是抗拒改变？对于你的职业和工作，你有哪些恐惧？我们如何为多变的职业生涯做更好的准备？我们如何建设性地运用这些恐惧，从而朝着自己的人生目标前进？

多变的职业生涯包括各种弹性、独特的生涯历程，有高峰有低谷，有左转有右转，从这个行业转到那个行业，等等。多变的职业生涯并不向外关注某些泛泛而谈的理想职业"路径"，它对每个人都是独一无二的——就像职业生涯的"指纹"。[10]

多变的职业生涯的有趣概念以一种生命力和自由感使我们从工作的外在控制中解脱出来，其代价是对未知未来的更多恐惧。个体心理学并不认为恐惧会停止，但是强调恐惧的目的和运用。正如我们在第一章所讨论的，一旦恐惧超过问题本身，就会变成担忧和焦虑。恐惧可以用于表达气馁和反抗的态度，逃避改变，或者自我保护以防止想象中的失败。若要解决多变的职业生涯带来的新挑战，我们就必须以创造性的力量和勇气直面自己的恐惧，在训练中让自己获得适应力，并想象各种可能的解决方案。如果我们能够聆听自己的恐惧，不夸大，而是运用它来激发改变，恐惧就成了一份礼物。

生涯建构与生活风格

个体心理学与多变的职业生涯概念都将工作看作一项人生任务，这项任务需要个体对自己独特的人生态度有一个整体的了解。工作的意义是个体基于对自己、他人和世界的主观认知创造出来的。现如今，在理解工作和工作选择上，那些测评、最佳匹配（特质与因素理论）和线性发展等传统方法已经不那么管用了。

匹配性（congruence）并非像霍兰德的职业分类那样仅仅基于客观的工作环境标准。其实，个体对工作环境的主观认知也决定着环境与自己的生活风格是否匹配。[11]

理解一个人的生活风格（即行动、感受和想法的一致总和）有助于解释个体在多变的生涯环境中如何发挥功能，自我调适并不断发展。我们创造和建构着自己的生涯故事。我们的特质，就像许多职业匹配理论（比如霍兰德的职业测评或迈尔斯-布里格斯MBTI职业性格测试）所描述的，实际上是我们自然而然地用于回应工作环境的应对策略，或者说是"成功公式"。同样的，我们基于不同的出生顺序发展出来的性格特质也影响着我们的生涯选择和成就模式。

儿童会通过早期在家庭和学校的游戏和工作来学习工作态度和价值观。家庭星座和氛围对一个人生活风格的影响，也会在日后的工作任务中表现出来。生理和心理上的家庭排行都对个人的品质或人格特质产生着影响（参照第六章），这些特质其实都发挥着职业生涯策略的作用。

生涯建构理论强调个体的生命主题、作为人生态度的人格特质，以及生涯适应力，这些都清晰地体现了个体心理学的理论架构。由此我们可以了解到个体的主导信念，这些信念会为一个人的生涯故事、优势或不足、需求，以及问题和解决办法带来机遇或限制。

苏格拉底式提问 4.5

- 在 3—6 岁这个阶段，你能想到的最早的记忆（发生的故事）有哪些？
- 你会为每个故事起一个什么样的标题？
- 在你的成长过程中，谁是你心目中的英雄？
- 你最喜欢的座右铭是什么？
- 你最喜欢的杂志或电视节目是什么？[12]

我们记住（或选择）早期记忆的方式，体现了我们内在的想法（需求、目标、事情应当是什么样子），记忆中英雄或榜样的品质代表着我们所认同或拥有的用于处理问题或满足需求的优势。生涯建构理论会使用创造性的方法理解一个人的想法、感受和行动。

　　我们可以在一个人的活动喜好中发现有用的信息。例如，我们可以通过一个人最喜欢的座右铭看到他／她给予自己的建议，通过一个人最喜欢的杂志了解他／她在环境中最关心的问题，通过一个人最喜欢的电视节目和人物猜测他／她待人接物及应对冲突的方式。我们真正想要了解的其实并非个人喜好，而是这个人对待工作或生活的独特风格。

　　卡尔文是一位四十多岁的白人男性，从学生时代起就是一个努力工作的人。他的工作经历颇为有趣，曾经做过屋面技术工人、建筑制图员、安装技术员和故障检修工（在这个阶段他被提拔为销售工程师和区域技术经理）。他提到自己在职业瓶颈期曾经经历过职业危机。在对人生的满意度和意义进行了几度深思之后，卡尔文决定回到学校。现在他已经是一位大学教授。他的霍兰德职业兴趣类型是社会型、艺术型和企业型。他最喜欢的名言来自米开朗基罗："我在大理石中看见天使，于是我不停地雕刻，直至使他自由。"以下是卡尔文的一段早期回忆：

　　我们家的房子很老旧，亟需维修。在一个夏天，爸爸妈妈都去上班了，我决定修一修后门廊的挡土墙。我搅拌了一些混凝土，把墙修好了。我记得爸爸妈妈当时很感动，因为我才 12 岁就可以做这件事了。能够把墙修好，让我们的家看起来更好，我自己也觉得很骄傲。

苏格拉底式提问 4.6

你认为卡尔文作为工作者拥有哪些特质（包括优势）？卡尔文的生活风格包含哪些生命主题？卡尔文在生涯转换中如何运用自己的霍兰德职业兴趣类型？还有哪些可变因素有助于你理解他的生涯发展？卡尔文的早期回忆如何反映出他成人后的生涯转换？你会如何描述他对待人生、恐惧和勇气的态度？

受到鼓励的工作者

我很爱自己的工作。它就像开派对一样：在大家到来之前做好准备，在大家离开之后做好清理，内心希望每个人都能玩得开心。我之前没想过这份工作会让我和这个世界产生这么多联结。我们曾经遇到过一家人，他们在登机前才得知原本要去探望的人刚刚在医院过世。我们曾经陪伴遭受卡特里娜飓风的灾民们度过转移中的部分旅程，不知道他们将何去何从，我们唯一能做的就是尽最大努力让他们在经历痛苦和损失的过程中获得些许安慰。还有一个没有成人陪伴的 9 岁儿童，他需要坐在自己的座位上，以免因飞行恐惧症而失控；可是他又必须上厕所，于是在大家的协助下，他一步一步挪到了厕所门边，但是他很害怕一个人进去。我告诉那个男孩，你已经勇敢地走了这么远，现在你可以继续害怕地站在这里，也可以直接走进去。结果他做到了！

——空中乘务员 克里斯蒂娜

克里斯蒂娜的工作态度很好地说明了职业满意度与社会兴趣有着正向的关联。工作的勇气就是要让自己所做的事情可以促进共同体感觉。也就是说，通过工作，我们可以让世界变得更美好，这不仅是为了自己，也是为了其他人。无论是像克里斯蒂娜这样的普通工作者，还是像史怀哲医生或弗洛伦斯·南丁格尔护士那样为人类做出无私贡献的著名人物，他们身上都体现出心系他人的工作勇气。

罗森斯指出，鼓励性的工作环境不会引发寻求认可、权力、报复和退缩的私人目标，而是注重"培养技能并让每个人都能发挥最佳潜能，进而创造积极且富有成效的工作氛围"。工作环境中的鼓励行为能够让工作者感受到有选择、有意义、被尊重和团队意识。

鼓励是一个令人振奋的过程,它聚焦于工作者能够带给团队、公司愿景以及这个世界的个人优势、天赋、兴趣、可能性和贡献,有助于培养出全然投入、有内在动力以及以目标为驱动的个体。[13]

许多基于个体心理学的技术和策略都可以协助我们构建一个鼓舞人心的工作环境,让工作者和领导者都能体验到相互尊重和积极的态度。关键在于内在动机而非外在动机,自然后果和逻辑后果而非惩罚,鼓励而非表扬或奖励,贡献与合作而非在竞争和比较中完成任务。一旦工作满足了需求,让工作者有能力谋生,感受到自己的价值,并对这个世界产生影响,工作者就会报之以积极正向的态度。在遭遇困境时,他们也会勇敢自信地付诸行动。

有些矛盾的是,职业障碍和偶发事件(偶然事件)其实是职业身份的一部分。偶然事件不再被看作随机事件,而是成长的机会。[14] 前提是,我们愿意在做选择时认可自己、鼓励自己、相信自己,并将这些状况看作机会,而非负面事件。这个促使我们运用偶然事件的过程往往遵循着特定的路径，而且可以被整合到职业自我的发展过程中，尤其是在我们相信这个过程受到精神自我影响的情况下。我们相信并接受自我，视偶然事件为生命的一部分，如此一来，我们的职业就成了人生功课。

因此，受到鼓励的工作者既能够自我鼓励，也有能力成就善于自我鼓励的人。相较于受到打击的工作者总在抱怨劳累过度且没有自己的生活，受到鼓励的工作者会为自己正在做的事情是人生功课而庆祝。

苏格拉底式提问 4.7

结合以下内容看一看你是不是一个受到鼓励的工作者。帮助他人成为自我鼓励者，这样你和他人都会获得勇气。如果在工作中的某些领域受到打击，你如何给自己充电，让自己拥有更多内在动力？

- 重视工作中的个人成长。
- 认可自己的专业技能和工作精通程度。
- 反思自己的职业发展和潜能。
- 在工作中感知社会意义。
- 与团队共享挑战和成就。

- 尊重自己对公司的贡献。
- 在工作中关注客户满意度。
- 在人生功课中体验自我激励的深层意义。

工作是神圣的

工作就像其他人生任务一样，体现了我们与自己、他人和宇宙联结的渴望和努力。有趣的是，我们往往任由工作环境被功能和效率支配，却忽视了工作中大多数的情绪抱怨，比如空虚、无意义感、莫名的抑郁、价值感的迷失、渴望实现自我、渴望精神寄托等等。工作通常被视为一种世俗的存在，事实上它却是通往生命、天赋和使命召唤的精神通道。在工作中，我们"与内在最深层的自我以及外在最精彩的世界彼此交融"。[15]

工作不仅仅是劳动，更重要的是，要找到自己真正的职业生涯或使命，这是一条启迪心灵和自我实现的道路，往往也意味着踏上了属于自己的精神之旅和内省之旅。它远远超越了求生，是一种新的觉知，你不再是他人梦想中的舞者，而真正成了自己人生的主人。与其用外在可计量的奖励来衡量自己的价值，内在动力创造的意义反而是不可估量的。当我通过外在角度看自己的工作所得时，我就会忘记职业生涯的精神价值。我并非只是在社会中谋利，我还与宇宙联结，与更高级的力量联结。向外的镜头只能看到自己在这个世界上拥有什么，向内的镜头却能看到灵魂和心灵的广阔。那些理性而具体的事物，比如金钱、声望、权力、生活成本、晋升、特殊待遇、工作地点、弹性程度、福利待遇以及其他有形资产，更像是无边无际、神圣无形的机遇河流的外在边界。

基于惯性，受限于恐惧、怀疑、责任和安全感的需求，我们常犯的一个代价极高的错误，就是只能在物质世界里看见人生和目标；我们需要时间、努力和洞察力，方能走向另一个层级，通过精神世界体验生命。这听起来很费时间，何况外在噪音已经震耳欲聋了，又何必如此麻烦呢？这是因为，我们的目标在于实现更高级的使命，如果没有了这一目标，我倒要问问："我们算什么？"[16]

工作中的潜在问题往往体现了一个人对意义和精神方向的探索。我在工作中要向何处发展，才能成为自己有能力成为的那个人？对我来说，什么才是更具精神意义的工作环境？我在工作中可以做些什么，才能让自己找到目标？我从哪里来，要往哪里去，我为什么会在这里？我如何影响其他人的生活？我的工作如何让这个世界变得更好？在我们的生涯旅程中，灵性不是答案，灵性在于问题本身。在自我提问的过程中，我们会注意到自己在工作中的精神体验越来越深入。

克林特，44 岁，在寻求生涯咨询时提出了如下困扰："出差太多，不想一直冲在第一线，现在只想做些有趣、能够影响他人生活的事情。"他曾经在医疗信息系统的销售部门任职八年，却无法喜欢上自己的工作。他觉得自己像是在"寻找新的发展前景"，这份工作简直在"啃噬他的灵魂"。回想最近一次面试的过程，他依然记得自己当时琢磨的是："我对自己的成功有心满意足的时候吗？"而他的答案是"没有"。现在，他明白了，那段时间困扰他的问题其实是：我在追求什么，成功还是意义？

克林特的困扰来自他在工作环境中的理性目标与精神需求之间的冲突。克林特没有找到工作的意义，相反，工作于他而言是一个充满恐惧和贪婪的疯狂场景。于是，克林特的咨询师和他一起探索，远离日常的例行公事，寻找一处能够让他获取能量资源的空间。克林特发现，每当与人接触时，他就像是被接上电源一般，内心的那盏灯就亮了起来。他的天赋在于建立和促进人际关系（比如公司和客户之间的关系）。因此，他发现自己只需要换家公司，而不必转换生涯。新的工作环境让他有机会和客户发展和谐的关系，而不是拼命开发客户。他感觉自己越来越多地处于一个给予大于接受的位置，有意思的是，这反而让他的收入比以前更高了。

露西认为自己就像是一个圆孔里的方木钉，与环境格格不入。她不确定自己的生涯方向正确与否。露西一直用财务指标来评判自己：原先在一家大型团体保险公司担任客户经理，收入达到六位数，现在自己运营了两年的公司还没有盈利。然而，在内心的某个地方，她渴望的并不是经济上的成功。在离开原来的公司之前，足足有六年时间，她一直在祈祷"可以有一些改变"。露西是一个工作狂，每周工作六十至八十小时，这样的状态持续了九年之后，她的祈祷终于"得到了回应"：她被诊断出患有结肠癌。幸好她积极进行身体治疗，强化自己的精神信念，并且很努力地发展更有意义的生活方式，包括为了建立新的职业生涯而参加必要的训练。[17]

我们从克林特和露西的故事中可以看到，工作问题其实为人生问题的发展提供了重要的机会。工作可以帮助我们实现主观的抱负，同时也具有客观的实用性。外在要求带来的挑战和内在对于重要性的追求，这两者让我们开始思考一种更有深度的人生工作，从中发展我们的身份认同感以及与宇宙的联结。我们需要勇气来应对这些挑战和改变，唯有带着勇气，我们才能获得对偶然事件的洞察力，进而真正做出积极的、具有建设性的改变。这些人生事件促使克林特和露西将职业自我与精神自我结合在一起，从而使他们体验到了生命的完整性。

苏格拉底式提问 4.8

回答任何正在召唤你的问题……或者自己编一些！[18]

- 你是否曾经感受到自己被某种使命召唤？那是一种什么感觉？

- 是什么引领你进入了目前的职业领域？

- 你希望工作可以解决你的哪些问题？

- 在孩提时代，你希望自己能带给世界什么？

- 临终问题：你会因为这一生没有做过什么事情而遗憾？哪方面的成就最让你引以为傲？

- 在这个世界上，你是否曾经感到有什么问题正在召唤你去协助解决？

- 你在参与哪些类型的活动时会忘记时间？

- 你在什么样的时刻会处于最佳状态？

- 哪些人类问题或者群体最能触动你的情感？

小结

工作加深了我们对自己、他人和世界的理解。尤其是在瞬息万变、发展迅速的今天，我们对工作的假设及其内涵有助于我们认识职业生涯的复杂性。面对多变的职业生涯，我们现在必须要有勇气投以关注并发展适应力。

在工作任务中，每当我们处理个人和集体的自卑感时，都会经历很多恐惧。我们害怕工作任务失败，因为它直接关系到我们在身体和社会存在方面的生存供给。我们回应恐惧的方式要么是过度工作，要么是草率工作。一旦个人自我兴趣超越社会兴趣，工作就会出现问题。

然而，工作的意义不仅在于赚钱谋生和克服自卑感。在社会结构下，工作需要合作，我们为了让所有人都拥有一个更美好的世界而做出贡献。

工作的勇气意味着我们要在工作环境中赋予自己和他人勇气，并将职业障碍看作促进我们成长和改变的偶然事件。人生远不止于工作。

工作是我们用来建构生命意义以及在社会生活和精神生活中寻求归属感的方式。

但是我告诉你，当你工作时，

便实现了大地最悠远之梦的一部分，

这个梦在诞生时就已指派给你。

通过劳动来热爱生命，

也就是亲近生命最深处的奥秘……

当你怀着爱工作，

你就将与自己、他人、上帝，融为一体。[19]

第五章

爱的勇气

被爱给你力量，爱人给你勇气。[1]

——老子

我们为爱而生，因爱而拥有创造力。"关系"一词在美国文化中常被用来形容两个成年人之间的亲密关系。本章我们偏向于使用"爱"这个字。在非英语系国家，不同关系中的爱会通过使用不同的前缀词加以表达，比如家人之爱 (亲情)、朋友之爱 (友情)、亲密之爱 (爱情)、父母之爱、夫妻之爱，等等。在本章，我们将要讨论的是亲密关系、性关系以及婚姻关系中的爱。

什么是爱？

在我们与自己以及他人相处的过程中，爱具有许多不同的层面。希腊语中常用四个词来描述我们对于爱的体验，即 *storge*，表示喜爱 (affection)；*philia*，表示友情或友爱；*eros*，表示亲密关系中的情爱；*agape*，表示神对世人的博爱或无私的爱。喜爱 (affection) 是指在亲近中产生的喜欢，蕴含于所有类型的爱之中。最佳例证莫过于亲子关系中的

---

1 原书如此标注，但在《老子》中无法找到与英文完全对应的原话。——译者注

爱。友情，即友谊之爱，是志趣相投或价值观一致的人们之间的纽带。情爱（eros）意指一种"在恋爱"的感觉，不管有没有身体上的吸引力。博爱（agape）则是指对他人无条件的爱，它使得忍耐、宽恕与和解成为可能。

前三种爱（喜爱、友情和情爱）是人类与生俱来的，博爱却是来自神的爱。通过这四种类型的爱，我们可以发现爱的三个密不可分的元素：需求之爱（need love）、赠予之爱（gift love）和欣赏之爱（appreciative love）。我们喜爱自然及自然中的生物，也喜爱家庭、工作和社会群体中的其他人。在这些本然的爱中，有一些是基于需求，有一些则是我们给予、获得和感激的无条件的礼物。尽管需求之爱在我们的文化中是必需且普遍的，但是，赠予之爱才是我们心灵渴望的答案。若是缺少了最根本的博爱，所有的爱都会变得匮乏和脆弱。博爱使得我们能够去爱所有人或生物，无论是可爱的，还是生性不可爱的（比如那些犯下严重错误并且造成难以忍受的后果的人）。[1]

在个体心理学中，博爱就是我们怀着爱为自己和全人类努力追求的共同体感觉。在讨论到亲密关系／婚姻、友谊／家庭／社会群体（见第六章和第七章）以及精神上的归属感（见第九章）时，我们将使用基于情爱的爱（eros love，出于恐惧）和基于博爱的爱（agape love，出于勇气）作为概念上的反义词，以说明基于自我兴趣和社会兴趣所形成的不同关系。

性的使用与误用

爱并不局限于性。在最初谈及爱的人生任务或者亲密关系的问题时，阿德勒使用的是"性"这个词，体现了人们在生活中对于性冲动和性别角色的态度。从生理感觉开始，性的功能在人的一生中发展缓慢，并且始终伴随着其他冲动和刺激。最终，它会从一个人与自己的关系逐步发展为他／她与伴侣之间的关系，这需要双方的合作，而不只是一厢情愿。阿德勒认为，即便是手淫的背后也隐藏着一个组成部分，即想象与伴侣之间的关系，因为性功能是需要两个人共同面对的任务。

性不是原因论，性是结果论！它如同一面镜子，准确且完整地反映我们的性格。换句话说，它就代表了我们是什么样的人！[2]

性是一个人个性的体现。在亲密关系中，我们可以通过一个人如何使用或误用性来检视他/她在性方面的"旁门左道"，比如泛用 (perversion)、转移 (diversion) 和转化 (conversion) [3]。

广泛地发生性行为的人，是为了逃避爱情和婚姻问题；在爱情和婚姻之外发生性行为的人，是为了转移性生活的用途，以实现某些错误的社会目的或其他目的。以性活动取代其他人生任务，被称为性的转化。这些做法都是孤立和胆怯的生活风格的体现，也是为了远离社会参与做出的选择，揭示了个体对优越或专制力量的恐惧，以及为了反抗这一力量采取的行动。

婚姻应当成为两个人为了支持这个世界而形成的伙伴关系，而非为了反抗这个世界而形成的"旁门左道"。[4]

从社会兴趣的角度考虑，阿德勒提醒读者要注意过早参与性活动的危险性。阿德勒心理学家们认为，爱、性和婚姻方面的问题都是关乎能否真正合作的社会问题。亲密关系是存在于两个人之间的最强烈且最亲近的情感关系。

苏格拉底式提问 5.1

阿德勒会如何看待婚前或婚外性行为？阿德勒如何看待恋爱和失恋？以及，他会如何看待一见钟情和日久生情？

浪漫的迷思

在我上高中时，父亲就因为癌症去世了。我相信，我之所以选择嫁给我的丈夫，主要是因为他能够给我像父亲曾经给予我的那种爱，让我觉得被保护，有安全感。我们的孩子都已经长大成人，并且离开了家。我们正在经历人们常说的中年危机。有一天，我突然意识到，这种父女感情般的关系已经结束了。他真正需要的是一个爱人。

——凯茜

在一次早期回忆的团体咨询中，凯茜分享了自己对婚姻的认识。她最初结婚是因为她认为这个男人能够帮助她快速填补人生缺憾，她自己没有勇气独自跨越这个阶段。对凯茜（以及许多和她一样的人）来说，爱与婚姻等同于虚构的浪漫或一条捷径，他们希望以此作为逃避的办法、疗伤的解药，或者借此实现他们认为自己难以企及的目标。

基于因情爱产生的无法满足的私欲，个体会对爱和婚姻形成错误的期待。常见的例子是把爱情 / 婚姻建立在外在因素上，比如经济保障、对名望的追求、对另一个人的怜悯、意外的怀孕、对个人问题的补救，以及关于年龄、性别和文化价值的种种压力。

无论是在现实生活中，还是在文学和大众媒体的爱情故事中，我们都可以看到很多有问题的爱。以下对话框中的每个主题都值得仔细斟酌和讨论，根据阿德勒心理学的原则，令人气馁的爱情关系和爱情问题皆源自恐惧，恐惧限制了个体真实且尊重地对待自己和他人的能力。当一个人在关系中关心他人多过关心自己，这些问题就会迎刃而解。

苏格拉底式提问 5.2

爱和婚姻对你来说意味着什么？一个人可能同时爱上多个人吗？高不可攀的爱情还是爱吗？相爱的人如何知道何时应当结束一段关系？他们要如何分手？人们在看似有替代选择的情况下为什么结婚？为什么未婚同居？为什么试婚？婚姻中的人们幸福吗？我们在婚姻中看到了哪些问题？人们在做出结婚的决定时，有什么正确和错误的理由吗？是什么导致了高离婚率？

男人与女人对婚姻关系的处理，如果能够依据他们在社交、才智、职业兴趣、对孩子和社会群体的责任感以及互相帮助方面的兼容性加以计划，并且在行动中相信爱是五年或十年成功合作的奖励，他们会幸福得多。[5]

　　依赖性高的个体在进入一段关系时如果没有做好合作或贡献的准备，就只会顾及自我浪漫的满足、个人的肯定，以及被宠爱的需要。渴望情爱的人会以幼稚的态度对待关系，乞求他人的肯定，基于恐惧做决定，而且感受不到自由。在孤立和孤独中，这样的个体不会主动寻求改变，久而久之，他们会变得"情感冷漠"(emotionally unemployed)。这些情爱的寻求者们极有可能会在恐惧中陷入自私、自我防卫、利用他人以及优越感等问题。在一方支配和拥有另一方的关系中，另一方会受制于屈服、顺从、相互指责或者心怀怨恨。

　　要一个被宠坏的孩子在彼此合作的婚姻中体验到幸福，还不如要一只骆驼穿过针孔来得容易些。[6]

　　相反，因博爱产生的亲密之爱，在本质上是相互尊重且满足的。带着无条件的接纳和尊重，彼此会把对方的福祉看得比自己的更重要。展现无私之爱的人是独立的个体，愿意给予，思想自由。他们也能够共处且相互依存。

表 5.1　情爱与博爱带给爱的影响之对照表

基于情爱的爱（自我兴趣）	基于博爱的爱（社会兴趣）
性	爱
依赖	自给自足
个人的认可	内在的潜能
乞求的态度	满足
情感匮乏	丰盛充实
幼稚的占有欲	自由
偏颇	一视同仁
吸引和厌恶	接纳
挑剔的、评价性的	包容
评判的、隐瞒的	不评判对方
挑毛病	鼓励
索取者、接受者	给予者、行动者
过度敏感	一切都好
一厢情愿	满怀希望
意志力	创造力、活泼有趣
有缺陷的爱	满足感
三心二意	思想自由

表 5.1 描述了自私的情爱与无私的爱之间的主要差异。[7]

爱与婚姻的挑战

如果一个人选择在工作和友谊中进行补偿，亲密关系的任务就完全可以避免。然而，要处理爱的任务，就意味着有勇气去面对来自错误期待、合作和性别平等方面的挑战。真正的亲密关系需要陪伴、承诺以及相互尊重。性、爱及婚姻是两个平等个体的人生任务。唯有双方都经由训练获得了足够的社会兴趣，他们才能正确处理组成共同体的任务。爱远不止浪漫的感觉，也完全不同于为了满足家庭和社会需要而发挥作用的婚姻。

从婚姻幸福的个体身上，我们可以看到平等、自我价值，以及与配偶之间的合作。他们还会在婚姻中感受到被需要和自在，他们知道自己在对方的人生旅程中是无可替代的，感觉彼此就像朋友一样。对于对自己感到安全、对职业非常确定以及能够胜任社会关系的男性和女性而言，建立这样的亲密感并不难。

与上述积极的婚姻特质相反，蒂姆和克里斯蒂娜在长达 32 年的婚姻关系中勾勒出的画面，看起来却是截然不同的：

蒂姆 63 岁，克里斯蒂娜 57 岁，结婚已有 32 年之久。

在大家庭和社会群体中，他们是一对颇受尊重的夫妻。蒂姆 45 岁时从海军退役，并开启第二生涯，在政府工作。他很享受工作上的社交关系，也做得非常成功。克里斯蒂娜在学校当了 30 年的教师，最近刚刚退休。他们养育了两个女儿。丈夫承认他们之间在长达 20 年的时间里缺乏性亲密，这主要是因为妻子的性冷淡和他的性无能；妻子则觉得丈夫过于苛刻，要求家里一尘不染，并怀疑丈夫早就有婚外情。第一次来咨询时，他们谈论的重点却是对女儿的担忧，因为两个女儿在大学期间都表现得特别叛逆。

像蒂姆和克里斯蒂娜这样的夫妻，常常先提到好事，却隐藏关系中的麻烦和挑战。他们不但不去面对婚姻中的挑战，反而把担忧表现在对待孩子的行为问题上。许多夫妻都会为了孩子把自己困在婚姻中，他们以为孩子需要父母都在才能正常发展。从阿德勒心理学的观点来看，不忠是一种性竞争的形式，婚姻中的一方以此来惩罚另一方，同时也是（男性）为了表达性优越或者是（女性）为了表达对虚假的男性权威的对抗。

否认自己想要追求的事物，这并非合作，只不过是顺从。一个人无法在屈服和姑息的基础上建立良好的关系，也不会通过这种方式获得尊重。倘若缺少了相互尊重，就绝不可能有和谐持久的稳定关系。[8]

蒂姆和克里斯蒂娜的行为反应受恐惧驱动，他们渴望自己在他人眼中是好的、正确的。作为个体及夫妻，他们都需要检视（无论是否有专业帮助）自己的人生态度（如表5.1所示），而后才能决定是否需要发展新的技能，让自己成长，重新学习蕴含勇气和社会兴趣的成熟的爱，进而从基于情爱的婚姻走向基于博爱的婚姻（表5.2）。如阿德勒所说："如果缔结婚姻是出于恐惧而非勇气，就是一个巨大的错误；如果男性和女性挑选伴侣是出于害怕，就是一个信号，表明他们并不想真正地合作。"[9]

表 5.2　情爱与博爱带给婚姻的影响之对照表

基于情爱的婚姻 (自我兴趣)	基于博爱的婚姻 (社会兴趣)
束缚	自由自在
嫉妒	认可
支配或屈服	主张平等
顺从	尊重
浪漫的迷思	施与受带来的馈赠
恐惧和不信任	信心

权力	生产力
相互指责	相互尊重
苛刻的期待	陪伴
反抗这个世界	支持这个世界
纵容	情感支持
不成熟的态度	独立
怨恨	包容不同声音
童话故事的快乐结局	努力经营的关系
越来越疏远	快速发展的空间
强迫	承诺
高人一等	伙伴关系

同性恋与跨性别者的爱

对应阿德勒所处的时代和文化，他认为两性之间亲密关系的社会功能是为了延续后代，而他对于同性恋的想法是带有偏见的。阿德勒认为同性恋偏离了正常的发展，由于童年时代的准备不充分，男同性恋者缺乏（异性恋的）勇气和社会兴趣（无法与异性合作）。

不过，虽然当时盛行对同性恋者施予监禁，但阿德勒很早就建议以"治疗"来取代这一做法。

阿德勒对平等、尊重和接纳的信念（正如他生平致力于为女性和儿童发声），以及对合作实现共同体感觉这一理想的认识，颇具前瞻性，也让我们有信心。以此为基础，个体心理学一直在为了同性取向的去病理化而积极努力。我们相信，作为一门勇气心理学，个体心理学具有"批判、纠正和发展"[10]的能力，在时间和多样性的考验下，也会越来越具有包容性和可持续性。

玛丽亚（Maria）是一个2岁男孩和一个4岁女孩的母亲，她决定向家庭咨询师透露自己一直在经历的转变。玛丽亚的丈夫乔（Joe）是跨性别者，并且已经决定接受变性手术。他让玛丽亚称呼他的新名字——乔伊斯（Joyce）。在他们第一次相遇并相恋时，玛丽亚就已经知道乔在性别认同上的问题。这对夫妻花了一年多时间一起做决定，最近刚刚把这一即将发生的变化告知家人、朋友和同事。他们决定不久之后就离婚，孩子们依然纳入玛丽亚的医疗保险计划之内。玛丽亚觉得他们可以面对其他人的反应，但是担心这件事已经对孩子们造成了困扰，因为他们半夜醒来时曾经看到过爸爸身着女装。除此之外，玛丽亚说："我爱乔，而且我爱的是这个人，并不是他的性别。我不确定他的新性别会对我造成什么改变。我从不觉得自己会变成女同性恋。"

苏格拉底式提问 5.3

对于具有同性恋倾向、双性恋取向以及跨性别困扰的个体而言，他们对于亲密行为或亲密关系会有哪些恐惧？在应对这些恐惧时，具有同性恋倾向的个体可以采取哪些鼓励性的、有效的补偿或应对策略？什么样的补偿策略可能是无效的？

我们必须了解，面对着异性恋标准所带来的成见和压抑，男同性恋者、女同性恋者、双性恋者和跨性别者（以下统称为 GLBT）在爱的任务中会以自卑感作为回应。对于他们而言，在爱的任务方面的挑战和准备，必须作为整体生活风格的一部分加以处理，他们在处理工作、友谊、自我接纳和精神性等其他人生任务时也遵循着这一整体的生活风格。

为了更深入地理解具有不同性取向的个体在爱的任务中所面临的难题，我们邀请了一位在婚姻和家庭咨询领域非常专业的同事回答了苏格拉底式提问 5.3 中的问题。

GLBT 群体所面临的难题有一些比较相似，也有一些差别较大。性别取向（gender orientation）和性取向（sexual orientation）（情感性的）是两个不同的概念。男 / 女同性恋者或双性恋者对自己的身体通常是接纳的，但是他们受同性吸引的倾向常常被社会边缘化。跨性别者则感觉自己出生在了错误的身体里。也就是说，他们内在的性别认同不同于自己的生理性别。跨性别者不仅承担着与跨性别相关的误解和排斥，同时还需要应对生理及医疗上的问题。

任何一个少数群体（比主要群体拥有更少的权力，常常因为群体的身份而被边缘化）在处理关系和生活中的压制、边缘化以及内化的压抑时，都有着不同的应对策略。性少数群体通常会内化许多关于他们的负面信息。有些人可能会害怕自己与情侣间的关系是"不正常的"，或者内化社会对于他们的许多刻板印象，比如认为自己的关系不如异性恋有价值，或者同性之间的亲密关系不可能健康或长久。这样的关系本身就已经很艰难了，再加上 GLBT 还要面对来自社会的压力，以及家庭的不支持，这更让关系难上加难。除此之外，他们的关系还鲜少得到社会认可（比如允许结婚），这也会让 GLBT 觉得自己的亲密关系不如异性之间的亲密关系那样有价值。

由于同性之间的亲密关系被边缘化，所以大众可以看到的健康的同性恋关系的例子就比异性恋的少很多。因为生活中缺少榜样，也没有可模仿的性别角色，于是有些人很害怕，他们不知道同性恋要如何进行下去。而且，人们本就很少公开讨论在异性恋中如何做一个体贴、可爱的性伴侣，这样的讨论机会对于 GLBT 来说就更是少之又少，他们可能直到长大成人之后才有机会接触到 GLBT 群体。

在许多遭受压迫的群体中，面对被污名化的身份，健康的和不健康的应对机制是同时存在的。其中一种健康的应对机制就是构建自己"选择的家庭"（families-of-choice）。对于其他形式的少数群体（比如民族的、种族的或宗教的）来说，他们的欣慰之处在于知道大多数（未必是所有）家庭成员都拥有同样的身份认同，他们能够从人数和共同的经历中获得慰藉。但是，GLBT 通常和家人没有共同的性认同（情感性的）或性别认同，所以他们往往会选择与自己相似的人在一起，形成自己的社会群体，并且将社会群体里的人看作家人。比起缺少拥有身份认同感的社会环境，那些"出柜"并且与接纳自己的人建立社交网络的 GLBT 更为健康。当然，和其他遭受压迫的群体一样，GLBT 也会诉诸一些不健康的应对方式，结果导致酗酒、药物滥用、抑郁，以及更高的自杀率。

接纳自己、爱自己以及为自己感到骄傲，这是需要勇气的。当一个人周围充斥着异样、不接纳或不正常的信息时，接纳自己、爱自己以及为自己感到骄傲，就需要更多勇气了。有时候，让性少数群体难以接受自己身份的并不是因为其 GLBT 的身份——而是因为社会缺乏勇气去爱、接纳和鼓励这些与主流不一样的人。[11]

苏格拉底式提问 5.4

个体心理学对于亲密关系的认识如何帮助具有同性恋或跨性别倾向的人？本章关于性和婚姻、爱的任务的训练以及无条件的爱的讨论，是否适用于同性恋者？

虽然同性恋者和异性恋者都对爱情关系抱有同样的理想，但是同性恋遇到的挑战更为特殊，也会引发更严重的社会气馁以及不同的补偿策略。对于同性恋者而言，无论是寻求爱情关系、得到他人的接纳和家庭的支持，还是在婚姻和养育上获得平等的法律权利，这些都更为艰难。受到打击的同性恋者会采用各种各样的补偿策略，常见的例子有：逃避（如酗酒）、否认（如与异性结婚）、回避（如与已婚伴侣在一起），以及混乱（如追求与回避爱情的矛盾心理）。[12]

在异性恋社会系统下，同性恋者和具有跨性别倾向的个体所遭遇的障碍远超过我们的想象。时机已经到来，我们需要依照社会兴趣的真正信念采取社会行动，进一步教育自己，做好准备支持同性恋者识别自己对于被社会排斥的恐惧，提升自我接纳，摒弃社会打击，以及与自己、他人和更高级的力量发展整合性的健康关系。

爱的任务之训练

如同幸福一样，双方不但相信自己对配偶和人类整体都是有价值的，而且愿意相信配偶也同样适应良好并对自己和人类都有所帮助，唯有如此才能够获得爱。[13]

为了对爱和婚姻做好准备，训练必不可少。亲密关系是一项可发展的人生任务。很多文化都反对青少年较早对亲密关系感兴趣，却又期待他们一朝长大成人就能明白如何成为一个成熟的伴侣。在这样的文化中，亲密关系的训练是缺失的。其实，只要我们从父母的婚姻（比如父母能否和谐共处）中学习，相信自己能够识别未来的伴侣须具备的合适品质，并在原生家庭的生活中做出调整，爱的勇气就已经开始发展了。我们会了解到——有时会通过某些艰难的方式——自我中心、被宠坏的"巨婴"是最糟糕的亲密关系候选人。

> 幼稚的爱遵循"我因被爱而爱"的原则；
>
> 成熟的爱遵循"我因爱而被爱"的原则。[14]

我们应当避开那些不懂得相互尊重和平等艺术的个体。这些个体的行为会导致关系陷入气馁和挫败，常见例子有：迟到、指责、总要训斥别人、冷漠、支配、不灵敏、不宽容和威胁。过度自卑的个体在追求爱情的初期也会表现出脆弱的迹象，他们还没准备进入一段长期而稳定的关系之中。这些个体的行为特征包括：犹豫不决、悲观、因自卑而过度敏感，以及迟迟难以选择职业。

苏格拉底式提问 5.5

在帮助我们为亲密关系的任务做准备方面，友谊和工作的重要性是什么？一个人成长过程中的家庭氛围如何帮助我们判断他/她能否胜任婚姻中的责任？我们怎样从不那么成功的婚姻中学习如何尽早识别问题，并了解婚前的最佳行为方针？伴侣双方应当如何为婚姻做好准备？我们对于求爱应当知道些什么？选择的标准有哪些？阿德勒心理学建议我们避免和被宠坏的巨婴、自我兴趣多于社会兴趣，以及儿时被忽视的人结婚，你认为理由何在？

只要我们放下关于爱和婚姻的浪漫迷思，认识到一个人和一段关系的社会有用性带来的益处，我们就可以发展自己维持友谊、对对方的工作感兴趣，以及最终关心他人胜过关心自己的能力，从而为选择未来的人生伴侣做好准备。

完美的爱：博爱

爱里没有惧怕；爱既完全，就把惧怕除去，因为惧怕里含着刑罚；惧怕的人在爱里未得完全。

——约翰一书 4:18（新国际版）[15]

在许多文化里，婚姻都代表着两个人在精神上的结合，以及两个家庭和双方所代表的社会群体之间的联结。因此，亲密关系不仅是个人的选择，同时还是一份精神礼物。[16] 这一礼物是博爱的体现。博爱是神圣、无私和平等的赠予之爱，是从他人的幸福出发的。博爱使得灵性教导中的爱成为可能，比如"爱你的邻舍"或"爱人如己"。博爱存在于我们的日常生活中。我们不仅会从爱人、朋友或亲人那里获得这种无条件的爱，还会受益于不求任何回报与认可的陌生人和无名英雄所给予的无条件的爱。

在博爱的独立个体身上看不到厌恶，能够付出无条件的爱的恋人不会仰赖控制。他／她能够自给自足，并给予伴侣选择、尊重和自由。博爱的个体会选择有益的方式处理工作、爱和友谊中的人生问题。他／她会展现出利他、勇气、希望和同理心等品质。他／她有勇气追求生命的意义，也能够容忍生活常常带来的矛盾。博爱是一种赠予之爱，不求任何回报。博爱中的赠予之爱不仅满足了我们生来拥有的需求之爱，也使我们能够去爱本质上不可爱的人。从阿德勒心理学的角度来说，社会兴趣或共同体感觉是最接近博爱的一种爱。

个体可以在一段关系中或者经由一段关系体验到爱。被爱、爱人以及值得被爱，这三者同等重要。自私的情爱与无私的博爱会对我们的性行为、友谊、家庭关系和工作关系带来不同的影响。[17] 倘若只专注于情爱，欲望就会带给我们痛苦、依附、贪婪、情感匮乏、依赖和失望。依赖的人会以互相利用和控制的方式寻求亲密的依附。基于情爱的爱最终会导致情感上的伤害、误解、无聊、乏味、紧张、焦虑、敌意，以及苦苦挣扎以求拥有、支配和利用对方。与之相反，基于博爱的爱赋予我们力量，让我们能够发展自给自足、充实、能力、信心和力量等品质。

爱与恨只不过是依赖他人的两种不同形式。爱（情爱）满足于依赖，恨则是依赖遭遇挫折时表达的怨恨。有一种爱（博爱）既没有对立面，也不求任何好处或回报。当我们完全不偏颇于自己的利益，愿意与万物共存时，它就出现了。这种爱既没有要求也不谋求好处，因为它源自我们对人或情境的接纳，我们无意以任何方式去改变他们。我们处于对事实的肯定和接纳中，并且，至少在那个瞬间，活在此时此刻。[18]

小结

爱与婚姻的目标远超过两个人及其直系亲属和社会群体之间的关系。亲密之爱和婚姻中的问题起源于缺乏准备与合作。在朝着主观感知的完美不断努力的过程中，我们会认识到，爱的源头和去向不只是本然的亲近、友谊和情爱，还包括无私的博爱。

社会兴趣是心理学对博爱的精神内涵的表达。渴望追求理想的爱与婚姻、共同体感觉，以及精神归属感，这需要在人类的贡献和合作中加以实现。正如社会兴趣是衡量个体心理健康的最终指标，基于博爱的爱也是爱与婚姻力量的最佳体现。博爱，既是维系世界共存之大爱，也是将亲密关系带进我们生命的无条件的爱。

第六章

友谊和家庭的勇气

交友即是把家庭带入更大的社会圈子。[1]

——阿尔弗雷德·阿德勒

我们将在本章一并探讨友谊和家庭的议题，因为这两者在个体心理学中是密不可分的社会关系任务。当家庭协助孩子为友谊做准备时，友谊也会让这个人为所有其他的社会关系做好准备。这些关系需要合作与贡献的态度和能力。若想拥有建立友谊和家庭的勇气，就必须接受必要的训练，从而发展以社会兴趣、平等和民主为特征的社会态度。

理解友谊

友谊的含义植根于希腊文"philia"。友谊的议题在心理学领域很少被讨论。友谊之所以常常被忽视，是因为它并非人类生存的必备条件。当我们进入亲密关系，随即又承担起生儿育女的职责时，友谊便失去了它的重要地位。在工作环境中发展的友谊，如果涉及工作表现评估，就需要承受他人审视的眼光。

不幸的是，主流文化对友谊也存在诸多偏见，比如对同性之间的友谊抱持着"恐同"(homophobic)的观点，对异性之间的友谊又戴上具有性暧昧意涵的有色眼镜。

相较于工作、爱和家庭关系，友谊对个体的生存适应通常最无关紧要。但是，当我们作为社会性的个体面临生活所需时，友谊却承担着至关重要的角色。友谊的内涵远超"交情"，它是一种本然的爱，存在于拥有共同兴趣和价值观，并且共享人生方向的个体之间。阿德勒及个体心理学的学者们认为，友谊任务等同于"同胞""人际关系""社会关系"和"社会交往"等名词的内涵。

真正的朋友是我们真心想要在和平共存的基础上交往的人。我们拥有朋友的数量，仅受限于我们成为朋友的能力。[2]

我们需要具备洞察力，才能顺利处理友谊任务，而不至于陷入不利方面。即便是真正的朋友，也都面临跟随彼此做出糟糕选择的风险，亲密的朋友关系（就像紧密的家庭关系）则可能会导致群体或社会群体中的其他人被排斥，因而阻碍社会／文化的包容性。[3] 在一个强调竞争且因害怕失败而采取不信任态度的社会，很多人都认为不可能拥有真正的友谊。如果一个人对他人秉持评判性的态度，或者只是为了在关系中互相利用，他／她就会逃避友谊任务。

抱有建设性态度的个体方能建立成功的友谊，这些态度形成了合作的基础，比如社会兴趣、信心、平等和勇气。反之，缺乏合作会逐步导致敌意、不信任和怀疑、自卑感以及恐惧的态度。正如德雷克斯描述的：

> 好朋友的特征之一就是付出的意愿多于要求。如今许多在大城镇长大的人是被宠坏的孩子，他们只会根据自己的所得衡量幸福和满意度。这是一个严重的错误，为此数以千计的花费都被投入不快乐与痛苦之中……唯有作为人类整体的一部分寻求幸福，即为大众福祉做贡献，这样的人方能对自己和生活感到满足。因此，社会兴趣蕴含在个体不求回报地做出贡献的意愿之中。[4]

以相互尊重、共同决策、彼此影响、邀请以及自由为特征的建设性态度能够在社会互动中促进平等的关系。反之，秉持负面消极态度（敌意、不信任和怀疑、自卑感和恐惧）的个体会发展出聚焦于外在标准、竞争、冷漠、控制、混乱、惩罚、模仿或相互教唆的朋友关系。

交友

艾伦：在你的成长过程中，谁是你的朋友？

瑞秋：我在成长过程中没什么朋友……直到15岁左右。

艾伦：现在回想起来，当时的你有何感受？

瑞秋：孤单，感觉孤独。希望自己能像其他孩子一样。

艾伦：那是什么样？其他孩子是怎样的？

瑞秋：我看着其他孩子和家人一起去游泳。我看着他们玩，但我只是观望着。我希望自己能够加入到他们的活动中，但我从来没这么做过。

艾伦：现在你的感觉如何？

瑞秋：我想我的人生已经被完全改写了。现在我的朋友依然不多，但都是终身的知己。

艾伦：这些对你的职业生涯、家庭或人际关系有什么影响？

瑞秋：在离婚、面对工作上的挑战以及变成单亲妈妈等艰难时刻，我能够拥有足够的社交网络并从中获得支持。比起年幼的时候，现在的我似乎可以更轻松地发展新友谊。

艾伦：这个改变是怎么发生的？

瑞秋：不知怎么的，我突然看清一个现实，那就是我必须为自己的未来承担起责任，家人无法给我必要的支持。然后我意识到，志趣相投的朋友可以让我与完全不同于家庭的世界建立联结。我记得自己开始刻意选择参加一些学校活动并接纳其他人。

艾伦：所以，你从一个旁观者慢慢转变为一个行动者？

对瑞秋来说，通过参与活动结交朋友并非天性使然，而是一种选择。瑞秋出生于贫困家庭，排行中间，她的父母整天忙于生计，无暇顾及瑞秋和家里其他孩子的心理需求。她总是很安静、合作，心里却默默期待爸爸妈妈能够像同学的父母那样对她多一些关注。

随着生活圈子的不断扩大，瑞秋的态度发生了转变，她不再依赖父母的认可，而是开始结交新朋友。事实上，后来，友谊为瑞秋适应离婚后的生活发挥了极大的作用。

友谊始于好奇心、不带评判的倾听、鼓励以及相互欣赏。良好友谊的基础植根于个体对待自己和他人的健康态度。

友谊是衡量我们与世界之间距离的描述性指标，它和阿德勒心理学的合作概念直接相关，因此最终也是社会兴趣的最佳衡量指标。

表 6.1　情爱与博爱带给友谊的影响之对照表	
基于情爱的友谊（自我兴趣）	**基于博爱的友谊**（社会兴趣）
相互同化	共同体的命脉
恐惧	安全感、愿意冒险
竞争	合作
贪婪	需要
剥削	平等
互为保姆	无条件的
虚假忙碌	自由流动
假装善意	真诚
不负责任	愿意参与
相互利用	彼此丰富

苏格拉底式提问 6.1

在成长过程中，你和他人的友谊是什么样的？谁是你最好的朋友？在家里，你和谁的相处最融洽？你和父母中的一方或双方亲近吗？谁是你最好的老师？使用表 6.1 中的描述词对这些关系加以描述。

一般而言，交友的方式揭示了我们对社会的态度。确切地说，我们生来拥有的喜爱、欣赏之爱和赠予之爱使得友谊同样存在于家庭、学校和工作关系中。两个个体之间的友谊也可能转化为亲密之爱 (情爱)。此外，当我们开始对家人以外的人感兴趣，这有助于我们为发展社会群体意识做好准备，并以更高级的世界观参与生活。如同亲密关系一样，理想的友谊也以博爱为动力。但是，人类在社会关系中永远不可能完美无瑕，因此博爱或许终将难以实现。

出生顺序和家庭星座

希腊语中用来表示家庭之爱的词是 storge (喜爱)，意指"自然流露的"。家庭是家人之间表达自然情感的场所，但它常常遭遇阻碍。从系统的视角来看，每个成员的互动行为、独特的目标以及生活风格交织运作，形成了家庭动力。

每个孩子在家庭中的地位都会在他／她的生活模式中留下印记，并在很大程度上影响着他／她的人生态度……孩子最初通过家庭星座认识人生和相较于他人的自我价值，并对自己的地位做出诠释，由此孩子会发展出独特的态度和行为模式，这也是他／她用来在群体中找到自我定位的方式。[5]

　　阿德勒是最早根据个体在家庭中的生理与心理出生排行来探讨其性格特质的心理学家。一般而言，这些特质的发展基础是孩子克服自卑感的创造性努力，以及对孩子的早期决定和行为发挥重要影响的人（包括父母和兄弟姐妹等）所做出的回应。举例来说，新生儿的到来往往会带给独生子女或最年幼的孩子一种"被推下王座"的感觉，这个孩子或许会为了重新获得主观感知的"优越"地位而决定做一个乖孩子，或者干脆放弃，成为"最差劲的孩子"。

　　在出生排行中，老大通常被认为过度负责、内化父母的价值观和期待、完美主义、在学生时代朋友很少、学习成绩优秀、指导型，以及占据支配地位。排行中间的孩子在学校、家务或友谊方面倾向于与老大相反。他们觉得自己必须更加努力才能获得认可，怀疑自己的能力，反抗性强，擅长社会交往，并且具有同理心。老幺通常是被骄纵、宠坏的，惹人喜爱，也容易气馁。老幺被寄予最有限的成功期望，却常常是家里最成功的孩子。独生子女是独特的，以自我为中心，孤独，习惯成为关注的焦点，能够自在地待在成人身边。他们会更努力以达到成人的能力水平，在感觉自己不够好的时候，他们很可能行为不当。

因不同出生排行形成的这些不同的典型特质，尚有许多变化和影响因素应被纳入考量，比如家庭的大小、通过孩子的能力／无能表现出的个体与文化差异、健康问题、手足之间的年龄差距、家庭中的悲剧／疾病／流产事件、手足之间的竞争／对抗、父母对待孩子的态度（比如偏袒或忽视）与回应，等等。我们通常会发现，心理上的出生顺序比生理上的更能说明个体的自我概念，以及想法和感受的模式。

戴夫，27岁，在四个孩子中排行老幺。他有两个哥哥和一个姐姐，和老大相差七岁。他是家里第一个取得硕士学位的孩子。戴夫首先提到他在选择发展长期关系的女朋友时会"很挑剔"。有一个问题在于，他的哥哥们都没有儿子，只有女儿。戴夫很确定自己想要孩子，尤其至少需要一个儿子传宗接代。如果他发现女友不想要孩子，他就不会继续与对方交往，因为生孩子是他结婚的一个条件。

一旦涉及发展长期关系，戴夫就会有许多恐惧。虽然在生理上他是家中最小的孩子，但在心理上，他却认为自己处于独生子的位置。现在他又承担起了老大的社会责任，因为他是目前唯一可以继承香火的孩子。他害怕婚姻失败，害怕自己没有儿子。这些恐惧导致他对长期稳定的亲密关系持有犹豫和逃避的态度。虽然谁也无法明确地知道什么样的婚姻选择才是"正确的"，但是，在这样的社会压力面前，戴夫显然需要勇气和信心才能继续前行。

家庭排行是个体性格形成时期的家庭关系网图。这一研究结果揭示了一个人的早期经验领域、个人观点与偏见发展的环境、他/她对自己和他人的认识与信念、自我的基本态度，以及对待生活的方式，这些正是个性与人格的基础。[6]

对我们来说，理解家庭星座动态组成的最佳方式是深入了解手足竞争、父母的反应/偏袒，以及所有足以影响家庭氛围的关键性家庭转变，这体现了每位家庭成员会如何依照自己的方式努力追求归属感和价值感。如图 6.1 所示，我们可以首先画出一个人的家庭出生排行图作为了解的起点，在明确了生理上的出生顺序之后，再通过苏格拉底式提问 (参见第十章工具3) 获得更多关于个体的心理排行和家庭星座的信息。

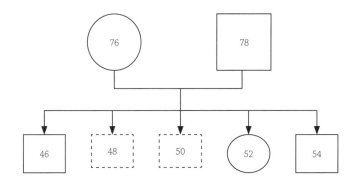

图6.1　瑞秋的家庭星座

苏格拉底式提问 6.2

如图 6.1 所示，瑞秋是家里三个孩子中唯一的女孩。瑞秋的母亲曾经流产过两次（男婴），在瑞秋出生六年之后才有了最小的弟弟。在弟弟到来之前，瑞秋曾是家里最小的孩子。瑞秋需要做出哪些调整？流产事件以及胎儿的性别对家庭和瑞秋来说意味着什么？

出生顺序和家庭星座为我们提供了了解人们如何看待自己和人生的实用信息。每个孩子都会以独特的创造性方式应对自卑感；有些方式能够获得社会认可，有些则会遭受谴责。通过游戏、学校生活经验、家务劳动，以及手足关系、亲子关系和朋友关系，我们可以观察到孩子们用于应对早期生活需求的独特策略。

儿童的目标寻求行为

在蒂米出生的前一年，他的父母从中国来到美国。蒂米有一个比他年长五岁的姐姐。在蒂米两岁时，每当妈妈早晨出门上班，他就会表现出分离焦虑。有一天，我主动提出帮忙照看他。以下是我观察到的：妈妈和蒂米说再见，然后拿起手提包走向门口，这时蒂米开始哼唧、大哭。妈妈一反常态地径直离开，没有像平时那样转身安抚他。蒂米哭得更大声了，还被口水呛到并开始咳嗽。妈妈回来检查他的情况，确认无事后再次离开。妈妈刚离开视线，蒂米就站起来走向沙发。他绊倒了自己，并像受了伤一样尖叫。我走过去示意妈妈不必回来。哭了两分钟之后，蒂米开始玩玩具，好像什么事都没有发生过。

苏格拉底式提问 6.3

是什么让蒂米有了这样的行为表现？想一想家庭中的各种因素如何对蒂米产生影响：出生顺序、性别、蒂米和姐姐之间的年龄差距、家长的反应，以及社会/文化背景。蒂米虽然是家里最小的孩子，但是你猜蒂米心理上的出生排行是什么？（考虑到这一事实：他的父母来自一种重男轻女的文化。）他的行为背后有着什么样的目标？

个体心理学相信，人类的所有行为都以目标为导向，并且体现了孩子在生命早期获得的人生态度。儿童的自卑感通常受恐惧推动，他们害怕不被认可、失败，以及在家庭中找不到归属感。身体上的缺陷还会导致恐惧加剧。在以下三种家庭环境中成长的孩子则会在处理人生任务时遇到困难：骄纵、敌意，或者缺乏爱和温暖。[7] 虽然这些儿童的最终目标都是获得归属感和价值感，但是他们常常会创造性地使用不合作的行为来促使照料者们立即满足他们当下的需求。

对于十岁以下感到气馁的儿童，其不当行为通常指向德雷克斯提出的四大错误目标：获得关注 (attention getting)、权力之争 (power struggle)、报复 (revenge) 和表现出能力不足 (display of inadequacy)，如表 6.2 所示。[8] 倘若不当行为在孩子被斥责之后依然持续出现，此时才显示出获得关注的目标；在权力之争的目标中，孩子会挑战所有人际关系以作为寻求主观感知的优越感的机会；以报复或寻求公平为目标的孩子，可能已经深受伤害，于是采取"反击以获得某种权力"的扭曲信念；至于那些选择逃避参与外在世界的儿童，他们会使用某种真实或想象的缺陷作为保卫自卑感的手段。

表6.2 儿童的目标和不当行为

目标	不当行为
获得关注	（只有当我被注意或被服侍时，我才有归属感。） 积极—建设性的（模范儿童、夸张的责任心、聪明的言辞） 积极—破坏性的（炫耀、鲁莽冒失、不安定） 消极—建设性的（过度依赖、虚荣） 消极—破坏性的（害羞、依赖和邋遢、缺乏注意力和毅力、自我放纵和轻浮、焦虑和恐惧、饮食困难、语言障碍）
权力之争	（只有当我掌控或说了算，或者证明没有人能控制我时，我才有归属感。） 反抗、倔强、发脾气、不良习惯、手淫、撒谎、磨蹭
报复	（我受伤了，只有当我以牙还牙时，我才有归属感。我不可能被爱。） 偷窃、暴力和残酷行为、尿床
表现出能力不足	（只有在说服他人不要对我抱有任何期待时，我才有归属感。我没有用。） 懒惰、愚蠢、暴力、消极

阿德勒认为，儿童根据自己的私人逻辑和人生目标有目的地选择自己的行为表征，因此行为表征和问题都被看作"创造和艺术作品"。[9] 儿童的目标寻求行为恰恰作为示例体现了在应对主观视角中的环境时，自卑感会如何激发

一个人的创造性力量。在朝着自我保护的目标努力时，创造性力量会促使儿童采取某些行为策略。在这一动向中，儿童的情绪、想法和行为，会与他／她的私人逻辑及人生计划保持一致。

我们必须先观察儿童在行为不当时会如何回应我们的纠正，如此才能判断他／她采用的是何种错误目标（表6.2）。当孩子对我们的斥责／纠正做出回应时，觉察我们自己对此作何感受，这也有助于我们识别孩子的目标。对于寻求关注的行为，孩子的目标是让我们忙得团团转，所以我们的反应是一种"心烦"；如果孩子的目标是证明他／她说了算，我们最有可能的反应是"愤怒"；如果孩子的目的是报复，无论是情感伤害，还是身体上的实际伤害，我们的反应都是"受伤"；最后，如果孩子的目标是一个人待着，我们的反应就是带着"绝望"放弃。

有趣的是，在行为不当的孩子与成人之间，存在着一种平行对应的情绪与行为反应，这会使得亲子关系既具有挑战性，又充满希望。通常，在孩子寻求不恰当的关注时，成人可能会让步，通过满足孩子的要求来避免孩子的反应变本加厉；在孩子想要权力时，成人会表现出自己高于孩子的权威；当孩子伤害成人的感受时，成人很容易使用惩罚来回击；当孩子表现出能力不足时，成人要么接管孩子的责任，要么降低对孩子的期待。

个体心理学认为，一旦成人将自己对孩子的错误目标的观察准确地表达出来，孩子就会以一种"识别反射"(recognition reflex) 做回应，通常表现为"不自觉的微笑、鬼脸、窘迫的笑声，或是眼神中闪烁的光芒"。[10] 既然儿童的不当行为目标植根于他 / 她的创造性力量，成人就可以创造性地引导孩子发现自己的目标并获得洞察力。但是，我们必须注意，不要给孩子的目标贴标签，也不要忽视理解孩子生命动向的整体性。我们必须首先观察孩子对大人的斥责有何反应，以及我们自己对此有何感受，而后才能辨识出孩子为达到目标而选择的行为路径 (见第三部分的工具 8 和工具 12，了解有助于揭示目标的活动)。

在成功辨识出孩子的错误目标并进行沟通之后，父母和老师即可以采取纠正措施。总体来说，父母可以学习鼓励的技术 (而不是表扬或奖励)，以培养民主的家庭氛围。父母可以在孩子没有通过不恰当的行为寻求关注时注意到他们。在孩子投入权力之争时，父母不必投降，只需要清楚地说明自然后果或逻辑后果以供孩子选择。在孩子伤害父母的感受时，父母不必反击，而是敏锐地了解孩子是如何因自己或他人而受到打击的，要认识到在孩子的不当行为背后存在着关系上的问题。最后，父母绝对不要放弃孩子，即使孩子决定放弃自己。父母需要对孩子表达无条件且积极的关心，并且协助孩子获得体验到小小成就的机会 (见表6.3)。

表6.3 有效与错误的养育方法

有效的方法

维持秩序	家庭氛围、家庭内部的权利和义务、一致性、果断、自然后果
避免冲突	克制、灵活性、激发兴趣、赢得孩子的信任、缓解局面、撤离
鼓励	称赞、引导和教授、相互信任、用"可以"代替"必须"、努力尝试、揭示、家庭会议

常见的错误

骄纵孩子	没有爱
过度喜爱	收回感情
焦虑	恐吓孩子
过度严厉	羞辱
体罚	严格监督
说话过多	忽视
督促	索取承诺
报复	要求盲目服从
唠叨	吹毛求疵
轻视	嘲笑

资料来源：参考德雷克斯和索尔兹的著作（1964 年）

从三年级开始，维多利亚每天凌晨两点都会去父母的卧室并爬到大床上，说是自己做了噩梦，太害怕了，不敢一个人待在自己的房间里。连续几周，她的父母一直试图哄她回自己的房间，但都不起作用，于是只好允许她继续和他们睡在一起，以换取一些睡眠时间。可是维多利亚上床之后就不让父母睡觉，结果父亲越来越恼火，还打了她的屁股。维多利亚相当倔强，最终母亲向父亲求情，维多利亚才得以留在父母的房间。后来，维多利亚成绩下滑，老师数次向父母投诉她不遵守班级规则，这对夫妻才决定寻求专业的指导。

苏格拉底式提问 6.4

孩子们可以利用害怕达到什么目的？害怕是真实的吗？如果孩子们持续体验到害怕，父母的职责是什么？惩罚和教育之间的区别是什么？维多利亚的父母对她的照顾是如何既严厉又纵容的？

青少年与成人的生活风格目标寻求

对于适应困难的青少年，我们的看法和回应往往受限于我们自己的专业训练。大多数理论都只聚焦于青少年的异常行为：偏轨、邪恶、病态、障碍、违法倾向、被剥夺权利、失调、反抗和缺陷；每种理论都指向一套不同的干预策略。就个体心理学而言，我们会通过青少年早期在家庭、学校和社会群体的不当童年经验及其寻求生活风格目标的行为来看待适应困难的问题。

倘若儿童的错误目标未能在家庭和学校得到纠正，儿童关于自己必须采取某些行为以克服自卑感或获得归属感的私人逻辑（个人感知）就会进一步发展，并且越来越背离社会接受的一般常识。他们对待他人的态度会变得冷漠或怀有敌意，自我兴趣不断强化。那些自认为低人一等的儿童和青少年会寻求替代性的解决方案，这些方案容易导致他们置身于疏离、较早经历危险行为、学业失败、年少怀孕／成为父母，以及早期药物滥用的风险之中。通过不恰当的参照群体寻求归属感的儿童和青少年则可能会变得反社会，或者违抗法律法规。这些儿童与青少年背负着错误的信念进入成年期，其行为也会持续适得其反或者反社会。

除了十岁以下儿童的四大错误目标（寻求关注、权力之争、报复和表现出能力不足），丁克迈耶和卡尔森指出，青少年所寻求的目标还包括刺激（excitement）、同伴接纳（peer acceptance）及优越性（superiority），这些目标会带给成人紧张、担忧以及难以胜任的感觉。儿童寻求目标的行为内涵，也会出现在青少年和成人寻求生活风格目标的模式中。图6.2结合德雷克斯和阿德勒提出的两个维度，综合呈现了四大错误目标以及四种类型的社会兴趣活动或性情：社会有用型、掌控型、索取型和回避型。[11] 再由"积极—消极"与"社会有用—社会无用"两个向度相互交叉形成四大象限，由此我们就可以在这张图上定位并识别孩子的目标和行为。[12] 如果孩子持续依赖这四大错误目标，我们或许可以推断，未来他们也会发展出图中所体现的成人的四种行为风格 (社会有用型、掌控型、索取型、回避型)。

图6.2 成人的四种行为风格

苏格拉底式提问 6.5

罗西的老师向她妈妈抱怨，15岁的罗西总是爱争辩而且自相矛盾。罗西总是违反规则、爱发脾气，还有许多坏习惯。你会如何利用表 6.2 和图 6.2 来协助罗西妈妈理解罗西的错误目标？你如何帮助父母或老师处理青少年撒谎、磨蹭、懒惰、对抗、固执和／或健忘的问题？

关于养育的思考

关于惩罚的使用以及《圣经》是否提倡体罚儿童，许多观点都互相矛盾。有一种说法是"不打不成器"。但是在《圣经》时代，棍棒是用来引导和聚集羊群的，以保护它们免受掠夺者的侵害，它不是用来抽打或伤害羊群的。在《圣经》里，棍杖具有"指引"和"教导"的寓意。惩罚会激发孩子的恐惧，而父母想要激发的却是孩子的爱心。惩罚是无法激发爱心的。《新耶路撒冷圣经》约翰一书 4 章 18 节写道："爱里没有惧怕；爱既完全，就把惧怕除去，因为惧怕里含着刑罚；惧怕的人在爱里未得完全。"这段引文的含义不言而喻。惩罚和恐惧无法激发合作，知识，尤其是从自然和逻辑后果中获得的知识，方能激发孩子与家庭目标协同合作。错误是教导孩子和传递知识的宝贵机会，知识能够赋予孩子力量。父母需要赋予孩子力量，这样他们才能做出明智的选择。而惩罚只会导致孩子气馁，剥夺他们的信心，也降低了他们的自尊，因此会起到反作用。没有人是完美的，父母也会犯错，所以他们必须面对错误的后果，而这足以使他们从中学习并避免重复犯错。基于这一"黄金法则"，难道孩子不应该被给予同样的机会吗？

——乔治亚[13]

这是一位家庭教育讲师在教会带领父母学习小组时，围绕在基督教家庭中使用体罚之争议的自我反思。[14] 养育与父母自身的成长环境及文化和宗教信仰息息相关。在父权社会以及某些宗教社区，父亲被赋予了管教孩子的绝对权威，而且常常会体罚孩子。为人父母的勇气在于觉察自身文化在养育孩子方面的惯常做法，从而看清自己所用方法的时间适宜性。尤为重要的是，父母与教师不能将"教导"与"惩罚"混为一谈。

倘若没有接受过训练，父母（和老师）就有可能复制自己的父母和老师传授的价值观与态度。虽然这是一种无意识的行为，但也会给当前的亲子关系带来负面影响。养育的困境与大多数父母都拥有的最美好的初衷密切相关，这个初衷就是帮助孩子为进入一个充满危险和竞争的世界做好准备。倘若我们对孩子怀有高期待，或者害怕如果我们不能协助孩子"优于"他人，孩子未来就会受苦，这其中其实也体现着我们自己的不足感。我们过度保护孩子的方式要么过于苛刻，要么过于纵容，或者更糟的是两者兼具。在受恐惧驱动的社会／文化压力的影响下，我们会有意无意地依赖专制的方法应对孩子在家庭或学校的不当行为。

在照料和教导孩子的时候，大多数父母要么遵循自己被养育的方式，要么反其道而行之以补偿自己儿时的缺憾。很少有父母会寻求或接受为人父母的相关训练。虽然在如今的社会环境下，家庭里可以有更多民主的思想和关系，但是我们仍然生活在旧时专制的阴影里，在养育孩子时，我们关于权力运用的想法和行为依然受这一阴影的影响。

由家庭竞争产生的自卑感，会引发个体对伟大成就、"独一无二"以及"与众不同"的迷信和狂热。[15]

家庭是孩子学习认识世界和发展生活策略的首要训练场所。而父母自身并没有受过训练，他们也会犯错，比如过度保护、骄纵、溺爱或者对孩子过度要求。这些养育行为的内在动机是害怕孩子未来无法成功，到头来却导致孩子准备不足，没有机会发展亲自探索世界的勇气以及公开竞争的意愿。

这些孩子若缺少了父母的干预（或介入）就无法独自面对世界。

许多人之所以无法应对生活的挑战，都是因为对于"在社会有用的方法"缺少理解和训练，他们持有的无效态度反而让自己的人生更复杂。我们看到许多成年人使用旁门左道的方式应对人生任务，这往往来自早期家庭生活的直接影响。很多成年人要么没有准备好就步入了婚姻和家庭，要么因为成长过程中的家庭困境而对婚姻或生育充满恐惧。

家庭的首要目的是支持青少年为工作、社会和爱的关系做好准备。同时，家庭还为孩子提供了社会合作的机会，是社会情感的试验场。家人之间的爱植根于家庭成员的社会兴趣态度，体现了以博爱为基础的友谊和亲情（见表6.4）。

个体心理学认为，家庭氛围主要是由父母的婚姻关系以及父母与孩子之间的亲子关系决定的。通过孩子面对自我、他人和整个人生的独特想法、感受与行为，我们可以猜测出其家庭氛围是民主的，还是专制的。这些特征的摘要如表6.5所示。一个典型的例子是，在专制的家庭或教育制度下，体罚会被用于管教孩子，从而引发孩子的恐惧；而民主的家庭则会通过后果而非恐惧来激发孩子的选择和学习。

表 6.4　情爱与博爱带给家庭的影响对照表	
重视情爱的家庭（自我兴趣）	**重视博爱的家庭**（社会兴趣）
永远在一起	各自独立的个体
专制	民主
控制	信心
操纵	放手、顺其自然
秘密	开诚布公
表扬	鼓励
惩罚	选择和后果

小结

在个性形成时期，我们经由友谊与家庭获得关于社会关系的基本训练。结交朋友的能力使我们对选择配偶以及建立家庭有所准备。出生顺序和家庭星座为我们提供了了解个体心理动向的信息。理解人类的行为以目标为导向，以及儿童、青少年及成人乃是依照自己的主观感知和人生态度行事，这有助于我们发现并创造新的方法以理解儿童，并且与儿童一起工作。我们处理友谊／家庭任务的态度必然受到文化和宗教惯例的影响。个体心理学强调使用鼓励和后果作为教导方式，而非表扬和惩罚。在民主的家庭氛围中使用民主的养育方式，此乃最佳养育之道。

表6.5　专制与民主的养育方式对照表

孩子的特征	专制的养育方式
顺从	专制武断
依赖	给予极少的选择
服从	惩罚
恐惧	威胁
跟随者	恐吓
被动消极	奖励
对低于自己的人表现跋扈	命令
对高于自己的人表现顺从	替孩子做他们有能力完成的事
缺乏独创性或创造力	谈论孩子的错误
犹豫不决	替孩子做决定
不负责任	在他人面前批评孩子
没有动力重视和追求自己想要的东西	告诉孩子该做什么或该要什么
根据发号施令者判断孰对孰错	制止孩子奋斗以防止他们受到伤害

孩子的特征	民主的养育方式
负罪感	责备、比较
有创造力	让孩子自己做决定
平等意识	让孩子对自己的决定负责
为情形的要求承担责任	不替孩子做他们自己能做的事
灵活	鼓励
问为什么	让孩子知道他们是被接纳的
花时间了解自己犯的错误	支持孩子弥补错误
尊重自己和他人	尊重孩子
受到鼓励	让孩子知道他们是被接纳的
自律	和善与坚定并行
高自尊	支持孩子了解他们能做到什么程度
有能力影响他人	让孩子提供帮助
不怕犯错	使用后果
有能力促进共识	理解孩子
既能当领导者也能当跟随者	不责备、不比较
诚实	不使用双重标准

第七章

归属的勇气

当我们成功地实现人生任务时，就会表现出一种不可或缺的归属感。这种归属感，即在人类同胞中拥有一席之地的感觉，能够减轻我们体验到的恐惧、孤独和绝望。当我们朝着个人和集体的人生目标前进时，归属感能够赋予我们勇气，在很多时候还会给予我们信心。

——桑斯特加德与比特[1]

唯有带着勇气和信心处理工作、爱、友谊和家庭等基本人生任务，我们才能够获得归属感。具体来说，经由我们与自己、他人和这个世界的联系，我们获得了一个归属之地。归属感同时存在于心理和精神层面。在社会群体生活中，环境因素和文化因素会促进或阻碍心理上的归属感。社会平等是归属问题的解决之道。社会兴趣，作为一个跨时空且跨文化的概念，有助于我们朝着归属与和谐的理想状态不断奋斗。在遭受苦难时同舟共济，共同体感觉能够最有效地激发接纳和互相帮助的勇气。

归属的问题

作为整体的一部分，我们对归属的渴望是人类奋斗的自然目标。然而，对很多人来说，获得归属感并不容易。

萨德是巴西人，后来嫁给了一位美国的心理学家。她讲述了自己对跨文化婚姻的反思。虽然语言不是问题，但她在办理移民的过程中遭遇了官僚的嘲讽以及来自社会和政治方面的阻碍。此外，她还觉得自己被剥夺了家庭和社交网络。这些内在冲突不仅导致萨德身心失调，也给她的婚姻带来了诸多问题。

我认为最难的是，我的先生根本不了解我到底经历了什么，你很难向鱼解释什么是水。我们都沉浸在各自的文化里，文化是一门"沉默的语言"——人类学家爱德华·霍尔在他的著作里描述得真贴切。只有当鱼离开了水，它才会想念水。我的先生如鱼得水，而我已是离水之鱼。[2]

瑞秋是华裔美国人，在美国已经居住二十五年之久，她已经厌烦了在社交或专业场合总被问起"你来自哪里"或者"你什么时候回国"之类的问题。华裔作家张纯如说出了来自世界各地许多移民的心声。她质问："我们到底需要穿越多少关卡，才能被认为是'真正的'美国人？"[3]

罗德尼是非洲裔美国人，也是一位父亲，他教导三个儿子该如何安全驾驶。第一条指示是"当你被警察拦下来的时候，一定要双手放在方向盘上"，这样才能避免被枪击的致命错误，类似悲剧频频发生在黑人男性身上。一位白人教师对大学校园里的种族冲突发表了不置可否的评论，他说种族暴力是历史弊病，而他并不是其中的一部分。

我觉得大家越来越敏感了，尤其是竞争激烈的年轻人，他们会猛烈抨击。我认为这在很大程度上与经济发展有关。毫无疑问，这些人（黑人）一直遭受欺压。我们不能骗自己，但是几十年前的历史弊病是否应该加诸在现在的人身上，我不确定……我和过去的那些事一点关系都没有……

许多人通往归属感的道路布满荆棘。一次关于社会气馁的调查研究显示，二分之一具有同性性取向的参与者承认自己尝试过自杀，哈利就是其中一位。[4]"那一年，因为不得不处理各种问题，包括我的性取向和成瘾问题，我真的尝试过自杀。"

这并不好玩，但我们还是觉得好笑。罗杰是60多岁的非洲裔美国人，而我今年30岁，是来自中国的第一代移民。我们俩发现咖啡和酱油有一个共同的作用。以前我们的家人和朋友都会阻止我们喝咖啡，或者蘸太多酱油，因为他们害怕那会让我们看起来更黑。

——克劳迪娅

"优于"或"劣于"的集体态度是导致偏见、歧视和压制问题的根本原因。种族歧视、性别歧视或其他偏见作为个人信念本身不一定会造成压迫，但如果遵循这些信念不公正地行使权力甚至将其制度化，就会导致迫害。我们应对歧视和迫害的方式，通常包括从对抗、自我控制、自我防卫到自我否定和屈服等不同的反应。集体自卑感导致的最消极结果就是内化的压迫，被边缘化的群体会使用压迫者的方式对抗自己。

不妨检视一下发生在世界各地原住民身上的殖民化、大屠杀和文化 / 精神剥夺产生的结果，我们会发现上述归属问题已经令人不堪其重。在杰克·劳森看来，种族主义的结果是导致原住民失去传统、社会群体和身份认同感。简单地说，他们成了一种刻板印象。

百分之百的原住民都直接或间接地受到酗酒问题的影响。这背后隐藏着一系列错综复杂的问题，比如丧失文化和身份认同，以及家庭单元被破坏，这些都是长期遭受屠杀和压制导致的症状。与此同时，他们还承受着很多愤怒以及与愤怒相关的问题、抑郁和绝望、健康问题，以及高比例的自杀和他杀事件，尤其在年轻群体中。此外，我们的社区被诊断感染艾滋病的人群也在激增，大多与静脉注射毒品有关。在原住民中，酒精和药物是导致他们入狱的主要因素。[5]

苏格拉底式提问 7.1

我们生来平等吗？你对"人人平等"的看法是什么？

有问题的个人态度强化了有问题的社会动态，也因此促成了归属的问题。这些态度起因于我们害怕自己不如他人。正是这一恐惧，引发了每个人内在的、性别之间的、家庭内部的、工作中的、国家内部的，以及国家与国家之间的战争。我们受限于害怕，无论是基于在家庭、学校和社会群体的专制训练，还是因为过度担心政治正确。我们害怕惩罚、失败和被拒绝。

不公平令我们感到恐惧和自卑，随之变得冷漠、丧失信心，而这样的恐惧和自卑也成了社会平等的绊脚石。

我们非但不去对抗不平等，反而顺水推舟加入到这场追逐成功的竞争游戏中。

- 我们不能平等地看待他人。

- 我们对尊重和内在自由的需求，与赋予男性、父母和权威人物优越地位的等级制度相冲突。

- 社会对等级、名望和权力的要求带给我们每个人深刻但不同的影响。

- 我们错误地根据这些文化规范要求自己必须是"好的"或"正确的"。

- 我们经常意识不到行为问题实则是关系冲突的结果，而非原因。[6]

社会平等的勇气

社会不是强加于个体的外在事物，它本来就由个体组成。但是我们容易忘记这一点，因为我们低估了自己的社会意义。如同对待生命一样，我们在社会态度上犯了同样的错误，即将之看作外在的东西，而事实上，生命和社会都融于我们之中，我们就是生命和社会本身。[7]

解决归属问题的答案，就在于我们基于社会平等相互理解和合作的社会群体勇气。在面对环境中的敌意时，在自视甚高的人试图否定我们的平等地位时，我们依然拥有自我肯定的勇气，这就是"社会平等的勇气"的第一步。

在获得归属感之前，我们首先要对自己和他人有信心。有信心即是有勇气相信自己的能力、责任和归属。

倘若没有共同的立场，或者对维持现状这一奋斗目标毫不质疑，我们就无法充分地参与人际交往或社会活动。当然，如果我们本身不在社会之内，就不能期待社会为我们发挥作用。我们在工作、爱和社会关系中遇到的问题同样也会出现在我们与社会和宇宙的关系中。为了摆脱社会或集体自卑感，我们必须有勇气认识自己的力量和局限，摒除习惯性的偏见，相信自己和他人都是足够好且平等的，同时放下成败的得失心，避免比较和竞争的冲动。[8]

在我们的关系中，大多数冲突都可归因于缺乏平等，它会导致竞争和比较、支配和控制、优越和歧视的危险。与其一味地努力克服缺陷并追求完美，还不如发展"不完美的勇气"[9]，冒险去做我们明知最有益于自己和他人的事。所以说，社会平等的勇气也是平等地看待自己和他人，以及共同参与和合作的勇气，不要把能量消耗在优越感的虚假信念上。

只要我们有能力修正自己的社会态度，就可以将机会平等的概念融入以大众福祉为重心的人生中。

唯有作为与众人平等的个体，人类才能真正发挥民主功能；唯有摆脱个体的自卑感，人类才能真正做到这一点。自卑感使个体深受束缚，看不见自己的力量，也剥夺了个体内在的自由、平静与安宁。[10]

平等是民主的基础和目标，它让人类的权利得到尊重，身份认同得以发展。我们认为有必要及早对此进行训练和教育。我们的家庭、朋友和学校／工作关系为我们培养相互尊重、信任和合作提供了非常好的训练场所（见图7.1）。

我们可以学习倾听，敏锐觉察他人的私人逻辑、恐惧

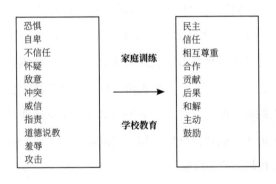

图7.1　社会平等的训练

和不安全感，进而了解他们的不当行为。我们通过自然后果和逻辑后果提供选择，而非复制上一代受敌对情绪推动而采用的惩罚。即便在所谓失调的关系里，我们也可以找到学习的机会。例如，我们可以学习自我克制，不去做不该做的事，同时练习自我鼓励。

苏格拉底式提问 7.2

当我们对自己、他人和这个世界做出决定时，我们的社会和文化扮演着什么角色？种族、性别、能力感／不足感、年龄、性倾向和阶层等因素如何共同作用，进而激发不平等的感觉？

辛迪反思自己关于美国原住民的体验，认识到人并非生而平等。然而，辛迪的文化和精神传统引领她从共同体感觉中汲取力量，她在帮助他人的过程中摒弃了民族迫害造成的负面影响。

在很年轻的时候（大概14岁），我就开始学习美国原住民的文化／历史，也了解到相关的迫害，以及原住民如何被集中在保留地，被迫去白人的学校，还亲眼看到他们如何过着贫穷的生活。我也知道美国原住民遭受许多苦难，因此他们对白人也怀有很多偏见。所以，假如你是白人和印第安人混血儿，真的不会有人愿意雇用你。而我也是在不富裕的环境中长大的，我了解贫穷的文化。

我希望为原住民赋予力量，帮助他们认识到他们比自己以为的更有价值，从而尽我所能修正历史的错误。我们可能都有那样的时候，但是在有色人种身上尤为明显，他们严重低估自己，这是很可悲的事，而这本身就是压迫的结果。在我看来，无论以哪种方式夺走他人作为人的基本认可，都是迫害。在工作环境中，不仅有色人种（棕种人、黑种人或黄种人）自己觉得自己"不够好"，雇主也会以"不够好"的眼光看待有色人种。他们辛苦工作，却始终难以自我肯定自己的工作价值。

在我的文化传统中，我们相信所有生命都是同宗同源，人类本是一体。我将这一观点运用到我的生活中，既不高看任何人，也不低估任何人。我认为，压迫是恐惧的产物，一个人被隔绝于群体或社会之外，失去了与我们所说的"巨大奥秘"（great mystery）之间的联结，于是被遗留在一个充满恐惧、愤怒、怀疑和压迫的空虚空间里。

若要消除压迫，人们必须了解自己的来处，认识到所有人都来自同一种生命能量，并努力理解自己真正害怕的是什么，如此才能安抚自己的内心。既然我们本是一体，那些压迫者其实也在迫害自己的情感和心灵。

苏格拉底式提问 7.3

我们对民主的渴望并非没有矛盾，因为专制的信念和做法依然存在于家庭、学校和工作环境中，我们还是需要面对种种恐惧。在努力追求民主和平等理想的同时，我们如何解决现有的不平等和归属问题？

和谐：人类和社会的最高理想

除非每个成员都被平等对待，并拥有安身之处，否则社会群体就不会拥有和谐与稳定。[11]

平等和民主背后的哲学是什么？我们如何尽力面对归属的问题？辛迪的叙述让我们学习到与生命整体和谐相处的价值，这是一种超越了自己和他人，包含万物的宇宙范围的共同体感觉。唯有当每个人都不只为自己，也为整体的福祉发挥功能时，这种整体性的勇气才可能实现。只有在对他人有益时，我们的力量才是真正有用的。阿德勒认为，不理智的个体受优越目标的驱动，拥有不成比例的个人智识，逾越了常识的界限。丧失了常识（common sense）而过度发展个人感知（private sense），正是社会生活问题的根源所在。

共同体感觉与和谐的勇气是个体心理学对社会不平等的回应，不同于当代以物质主义、个人主义和政治层面的人权为基础的社会正义取向。[12] 社会和谐作为一种理想状态，关注的是全人类的人权、相互联结、伙伴关系以及同理心，是一种被全世界的文化和精神传统共享的社会理想。全人类的价值在个体心理学中阐述得最为完善，也与某些亘古长存的世界哲学观一致。

我们在第一章指出，阿德勒和他的思想常被用来与东方的孔子和西方的苏格拉底进行比较。[13] 他们在社会兴趣和仁（"二人"为仁）的概念上有着惊人的相似性。社会兴趣和仁都是个体与生俱来的特质和美德，引导着一个人的行为。这两个概念都关注自我修养、家庭价值和早期教育。最重要的是，它们都反对自我兴趣而崇尚博爱，即无条件的爱。在人和社会的问题上，阿德勒与孔子都智慧地认为，恰当的社会关系植根于个体遵守最高良善、关爱大众、令家庭和谐，以及最终培养个人性情的能力。个体会追求与他人和谐相处的一贯性。

在阿德勒看来，幸福或生命的意义在于，一个人能够带着勇气和社会兴趣完成五大人生任务（工作、爱、友谊／家庭／社会群体、与自我相处、与宇宙共处）。孔子认为，仁是人之至善，是个体在社会的五种人伦关系（君臣、父子、兄弟、夫妇、朋友）中真正的自我实现。社会兴趣和仁中蕴含着许多相关的性格特质，这些都是我们可以朝着共同体的理想状态努力的通道。仁代表着爱、智慧、洞见、正直、公正、同理心、孝心和勇气等多种人类至善的品质。

根据孔子的思想，通往和谐的途径在建立中心和坚定（中庸之道）。在理性的、完美平衡的理想社会，勇气只不过是人之常情，人们笃信社会和谐的理想，反对以财富、名声、权力和成功为核心的竞争性信念。

大道之行也，天下为公。选贤与能，讲信修睦，故人不独亲其亲，不独子其子，使老有所终，壮有所用，幼有所长，矜寡孤独废疾者皆有所养，男有分，女有归。货恶其弃于地也，不必藏于己；力恶其不出于身也，不必为己。是故谋闭而不兴，盗窃乱贼而不作，故外户而不闭，是谓大同。[14]

道家思想以儒家思想观念为背景，因而个体心理学关于平等与和谐的理念在道家思想中也有对应的体现。平等在道家思想中是存在的本然，与接纳、允许及顺应自然紧密相关。道家的原则之一是对立互补（阴阳之道）。通往和谐的途径在于有勇气完全顺应自然法则，以实现个人的圆满。人是对立的协调者，理想的社会生活就是经由无为来调和对立，避免极端。[15]

人类已失去曾经拥有的天堂，生命中总是充斥着冲突、艰苦和困境。但是，有勇气的个体仍然觉得自己属于这一生命，确定自己在生命中的地位，并将生命看作生活、行动、创造、参与和创新的媒介……这个世界属于视自己为整体生活一部分的人。生活着，我们即是生命。[16]

在阿德勒看来，社会生活的平衡与和谐本就存在于我们的施与受、贡献及合作的平衡中。为了达到和谐，社会群体／群体需要作为一个完美的整体发挥作用，其中每个人在履行职能时不是为了自己，而是为了大众福祉。当然，当我们为了社会和谐完成必要的工作时，也会促成个人的幸福。

人类对归属感和价值感的渴望源自我们意识到自己无法独自生存。我们是整体的一部分，因而我们实现基本的生存保护和供应的方式不会是竞争或比较，而是合作与贡献，哪怕在面对不平等的情况下。在个体心理学中，当我们与他人、社会、自然及宇宙相处时，我们是与之平等的。我们的归属问题体现在我们应对整体生活的态度中。归属的勇气在于，当面对集体的自卑感和社会的不平等时，依然能够朝着最终的社会平等和社会和谐努力奋斗。

我们生来具有克服阻碍以获得归属感的自然渴望。阿德勒写道："社会兴趣……从永恒的观点来看（sub specie aeternitatis），就意味着整体感。它是指为了实现共同体而努力……也可以视为人类朝着完美的目标而努力。"[17]社会兴趣的概念及相关性格特质具有与博爱相似的精神价值，这是一种生命力，让我们在艰难时刻也能经由创造性力量获得前进的动力（参见我们在第一、五和九章关于创造性力量的讨论）。

一方面，祈祷是我们进入庞大生命共同体的能量，在那里，自我与他人、人类与非人类、有形与无形，互为交织。我的感官会分辨，我的思想会剖析，而我的祈祷会让我看到并再创生命的整体感。在祈祷中，我不再让自己与他人和世界分离，也不再操纵他们以满足我的需求。反之，我主动建立关系，允许自己感受相互性和责任性的牵引，并借由认识联结万物的至高中心，承担我在共同体中的一席之地。从另一方面来说，祈祷也意味着打开自己，当我去迎接联结的中心时，这个中心也在靠近我。[18]

观察到精神需求在早期的基督教和佛教信仰中对于人类平等的促进作用，德雷克斯提出了一种"民主宗教"（religion for democracy），勇气是其中最不可或缺的要素之一。拥有自由，就意味着拥有面对不确定性以及认识创造性的勇气。德雷克斯相信，在这一新宗教中必不可少的相互依存能够"激发人类投身于共同福祉，更加愿意彼此共鸣、共存、有所归属，以实现人类长久以来最宝贵、最古老的梦想——四海之内皆兄弟"。[19]

接下来，我们会通过真实的案例来呈现一个世界范围内的社会群体组织如何应个体的需求实现这一"四海之内皆兄弟"的梦想。[20]

工作中的共同体感觉：康复的勇气

我们是一群通常不会聚在一起的人。但是，我们之间存在着一种难以形容的美好伙伴关系、友情，以及相互理解。我们就像遭遇海难后被一艘巨轮救起的乘客，从船舱到船长室到处弥漫着同舟共济的情谊、喜悦和民主精神。但是，和这艘巨轮的一般乘客不同，我们体验到的死里逃生的喜悦并不会在大家各奔东西之后消失。这种共度危机的感觉将我们有力地连接在一起。当然，这件事本身不至于让我们像现在这样团结……团结的首要条件是，我们深信单凭个人意志行事的生命很难获得成功。

——嗜酒者互诫协会 [21]

导致成瘾的因素很复杂，且不在本书的探讨范围内，但是我们已经通过个体心理学的观点阐述过，成瘾是没有勇气参与社会关系的个体逃避人生任务的有效手段。在这个逃避的过程中，成瘾的人会变得极其自我，并用成瘾行为处理各个层面的人生问题。这一适应不良的方式在很大程度上延缓或阻碍了个体的正常发展，也会让他 / 她与自己（自己的核心价值）以及社会越来越疏离。上瘾的人只不过是在没有归属感或价值感的基础之上苟延残喘。

有一个酗酒者在成功戒酒六个月之后做了一个决定，从此帮助无数酗酒者从根本上改善了预后。这一决定源自一次精神觉醒，他意识到，通过帮助其他酗酒者，也可以拯救自己。当他再一次被生活境遇击垮并身处陌生城市的时候，他知道自己只需要半瓶酒就能感受到酒精带来的安慰，当然他的酗酒问题也会随之恶化。然而，这一次，他知道自己还有另一个选择，那就是与尚且清醒但内心绝望的酗酒者——就像曾经的自己——形成"伙伴关系"。

此人就是来自纽约的威廉·威尔逊，大家都称呼他比尔（比尔·W），他做出了一个足以改变历史的决定。这次比尔没有像以往那样误入酒精的陷阱，而是联系到另一个同样以酒浇愁并身处绝望的伙伴罗伯特·霍尔布鲁特医生，他是当地的一位医学博士，大家都称呼他鲍勃医生。在这次面谈中，比尔和鲍勃医生一拍即合，随即展开了轰轰烈烈的行动。比尔向鲍勃医生介绍了他关于康复的理念（实验）。1935 年夏天，他们开始起草框架，在短短四年时间内，他们发展成为大家熟知的"嗜酒者互诫协会"（Alcoholics Anonymous，又称为"戒酒无名会"）。利用比尔设计的"十二步骤"，针对其他成瘾问题群体或因他人成瘾受到影响的群体，世界各地发展出了各类成功的康复项目。奥尔德斯·赫胥黎称他为"本世纪最伟大的社会建筑师"。2000年，比尔入选《时代》杂志评选的二十世纪最具勇气、最无私、最丰沛、拥有超乎常人的能力以及奇异恩典的二十位英雄人物。

嗜酒者互诫协会（以下简称A.A.）为什么能取得成功？原因有很多，但是简单来说，这是因为 A.A. 为绝望的人们带去了希望，他们从中获得了伙伴关系，以及相互理解和支持且不互相评判的社会群体组织。成为 A.A. 的会员，对于痛苦的感同身受有助于酗酒者每天从自我毁灭的痛苦中走出来一点点（每次一天）。虽然受限于每个人自身的成瘾问题，但协会的支持以及帮助他人的倡议能够把大家联结在一起，康复的勇气由此产生。

A.A. 的"十二步骤"和"十二传统"与阿德勒的社会兴趣有着惊人的相似性。[22] 其中的很多用语都体现了这一点，比如"假装成功，直到真正成功"（类似"如其所是地生活"或"像……那样行动"），"追求进步而非完美""做下一件该做的事""只要努力就有成果"，等等。在 A.A. 的资料以及比尔的通信记录里，还有很多类似的例子。A.A. 令人蜕变的力量似乎在很大程度上都可以直接追溯到个体心理学的某些关键要素。

是否有明确的证据显示比尔对阿德勒的思想有所了解呢？有。[23] 在比尔的人生中，他与母亲之间的关系异常紧密且奇特，他很可能从母亲那里学习到阿德勒理论的主要概念。他的母亲艾米莉·格里菲思·威尔逊"曾经在维也纳向弗洛伊德某个时期的同事阿尔弗雷德·阿德勒学习，而且……她也是圣地亚哥的一位阿德勒学派的执业精神分析师"。[24]

小结

　　生活中的所有问题都是个体问题和社会问题。阿德勒针对归属问题的解决方案简洁明了，即我们需要在工作、爱和社会关系中努力追求共同体感觉。这一共同体感觉的范围可以超越自我和他人，扩展至宇宙或"整体生命"，即宇宙范围的共同体感觉。

　　通往归属感的道路包括心理层面和精神层面。我们的自信和接纳、我们对因他人感到害怕的认知，以及平等对待自己和他人的能力，都是从心理层面解决归属问题的答案。根据东西方的哲学观点，实现社会和谐的途径在于让每个个体在克服自卑感时都能为大众福祉做出努力。社会兴趣，作为社会生活的宇宙法则，引导我们以全人类的福祉为目标不断奋斗。解决归属问题的答案在于回归社会群体。尤其是，对于因集体自卑感这一社会疾病遭受迫害的许多个体和文化群体而言，共同体感觉有助于支持迷失的自我找到一种如同回家的归属感。

嗜酒者互诚协会就是通过共同体的努力传递康复勇气的成功案例。深入研究 A.A. 的历史和发展，就不难看出个体心理学对它产生的影响。归属感的核心信念也渗透在 A.A. 的构想和发展之中。归属的勇气正是我们付诸行动构建共同体的勇气，在这个共同体中，我们清楚每个人对彼此的价值以及可以付出的劳动，也能够体验到个人及社会问题的积极转变。

第八章

存在的勇气

昔者，庄周梦为胡蝶，栩栩然胡蝶也。自喻适志与！不知周也。俄然觉，则蘧蘧然周也。不知周之梦为胡蝶与？胡蝶之梦为周与？

——庄子[1]

存在任务（与自己相处）及归属任务（与宇宙相处）是两股不可分割的超自然力量，影响着我们如何处理工作、爱和参与社会关系的人生任务。正如第七章提到的，归属的勇气首先在于有勇气觉知自己的恐惧以及内在与外在的奋斗目标，并且发展自我接纳。然而，我们既渴望做自己，又想成为社会的一部分，这让我们与自己和谐相处或者接纳自我的任务变得很不容易。

"不"的态度

在面对个体和／或集体的自卑感时，很多人都会加入"自我提升"的社会常态之中。只要不能"更好"，我们就是失败者。在归属感的渴望下，即便出自最好的初衷，我们也会采用更多"不"的人生态度，因为我们害怕失去自己在渴望有所归属的群体中获得的一席之地，也害怕失败。然而选择了墨守成规之后，我们承受的后果却是犹豫不决、缺乏自知之明、过度担忧，以及为很多令我们失去真实性的事情忙忙碌碌。有意或无意，我们接受了家庭和社会要求学业和事业必须成功的压力，结果却只是感觉到疲惫或内在空虚、没有意义。事实上，我们越努力追求完美，自卑感就越强烈。

自卑感如影随形并渗透于生活的各个层面，这是一种非常普遍的现象。我们常常拿自己和他人比较，以确保不会落于人后，我们拼命想要脱颖而出。但是，每个人在以不同的方式理解自己遇到的障碍，接受家庭、学校和社会群体带来的影响，并形成自己的感受、态度和行为以应对人生挑战。每个人应对工作、友谊和爱等人生任务的努力过程，正是其性格特质的体现。

将自己与他人进行比较是人类的自然倾向，而我们对于这些比较的主观诠释决定着我们能否与自己好好相处。自我批评、悲观、焦虑、完美主义、负罪感深重，或者过度在意不足和缺点的人，会倾向于逃避"与自我共处"的人生任务。[2]

我们朝着人生目标努力的独特动向在很大程度上体现了"我们是谁"，以及"我们会成为什么样的人"。一般来说，我们可以通过个体对抗或面对困难的态度和方式观察到个体间的差异。比如，有人是乐观者，有人是悲观者；有人迎难而上，有人绕道而行；有人会进攻，有人会防御。根据第二章的图 2.1，通过判断个体合作和贡献的能力，我们可以评估一个人的活动方向是朝向还是背离社会兴趣，因而也能够评估一个人的主观力量与社会责任之间的差距和平衡状况。

逃避人生任务会导致气馁。阿德勒提醒我们应从社会生活（而非道德判断）的角度观察这些性格特质。他认为社会生活是我们与所处社会之间的关系质量的总体评估。[3] 我们正是在社会关系中建立了自我价值感和归属感。

玛莎，80 岁，独居并且拒绝接受所有其他的生活安排，她说自己没办法和其他人一起生活，包括自己的孩子们。玛莎曾经为了孩子而忍受一段长达二十年的不幸婚姻，直到四十多岁才选择离婚。虽然后来和不同的人交往过，但是她不再考虑结婚。身体健康、打扮漂亮、保持独立，这些对于玛莎来说是最重要的事。没有人能从她的着装和举止中看出她其实不识字。玛莎曾经对学习阅读有些兴趣，但是没能坚持下来。她曾经从事过几份蓝领工作，但她自己瞧不上，所以等到子女长大成人并且可以赡养她的时候，她就辞去了工作。玛莎很重视自己在教会的志愿者工作，她在大家眼里既温暖又乐于助人，因而获得了很多尊重。但是最近她开始觉得教会变得过于政治化了。

从很多方面来看，玛莎叙述的生活都自相矛盾。她看起来很在意爱情，但是她对男人的意图充满怀疑，这让她无法拥有长期的亲密关系。她有能力从事志愿者的工作，但是她似乎又在以自己不适合底层职业为由逃避工作这一人生任务。她很努力地保持美丽并表现出上流社会的社交举止，好让别人看不出她不识字且经济拮据。在年迈的时候，她看似拥有积极的社交生活，也因此获得了诸多认可，但她却怀疑与自己共事的人是否值得信任。

所有这一类型的焦虑都源自紧张的个体害怕面对自己必须解决的问题，而这些问题其实只不过是日常生活中必须承担的职责和义务而已。[4]

玛莎的问题在于差距：她的自我兴趣与真诚的社会情感之间存在着巨大的差距。我们应对生活的态度——"是""是的，但是""不"——就像显示器一样，体现了我们在面对生活要求时，感受到的是勇气还是不足，拥有社会兴趣还是退缩至自我兴趣。[5] 总体来看，因为害怕和气馁，玛莎似乎对大多数人生任务的态度都是"不"。她的人生观给人留下了一种"姿态高人一等"(plus gestures) 的印象。我们越是感觉自卑，就越容易表现出更强、更富有和更优秀的姿态。通常情况下，处于孤立状态的个体会努力维持这些假象，因为比起获得真实的权力和满足感，得到虚构的权力要容易多了。玛莎认为自己没办法和其他人相处，这一自我认知的根源其实在于她无法与自己好好相处，正因为如此，玛莎处理全部人生任务的方式都体现了她缺乏合作的能力。

根据阿德勒的观点，"不"的人生态度背后隐藏着攻击性或防御性的性格特质。[6] 攻击性的性格特质包括虚荣、野心、扮演上帝、嫉妒和贪婪——这些都与敌意、失职、独断，以及追求主导、正确或优于他人有关。防御性的性格特质包括退缩、焦虑、胆怯、缺乏社交礼仪，以及绕道而行(比如懒惰、频繁换工作、轻微犯罪等)。这些特质都是对人生说"不"的个体会变换采取的方式。

自我接纳方面的问题不仅与处于卑微地位的个体有关，也与那些在社会中处于优越地位的个体有关。对于少数群体来说，说"是"的态度往往意味着拒绝社会排斥，先发展自我接纳，以获得更多的社会接纳。[7] 如此一来，比起根本不需要自我探索和自我定义的主流群体，这些来自少数群体的个体就可以发展出更好的自我感知。举例来说，当被问到"身为白人意味着什么"，白人往往会感到惊讶，同时困惑且小心翼翼地思索该如何回答："我的天啊！""从没想过这个问题。""可能意味着更多优势和没有麻烦的生活。"对白人群体而言，白皮肤既不指种族，也不指颜色，而是他们从未想过的事物。有一种很普遍的"色盲"观点，就是指对自己的种族／文化身份缺乏洞见，也没有做好面对多元化的准备。[8]

"是"的态度

我们拥有无限丰富的内在资源，前提是我们愿意相信这些资源，也要相信真实的自己。一旦不再试图"控制自己"，我们很快就会发现自己的行为一成不变，因为我们总是依照自己的决定行事。意识到这一点之后，我们就可以准备迈出下一步：改变我们的决定。如此我们才更有可能决定什么对自己和他人都有益，也不再那么害怕自己会做错事。[9]

没有人是完美的，但内在力量可以让我们调整努力方向，不再追求个人的错误目标及无效的生活风格。我们常常体验到的冲突或怀疑，正是我们为了追求克服／补偿、优越感、安全感或权力而努力的表现。冲突与生活风格密切相关。以下对话体现了伊娃"是"的态度，虽然家庭和社会群体的变化让她承受了许多恐惧，但她依然为之努力。她一直都渴望成为自己想要成为的人。伊娃是非洲裔美国人，在她四十多岁时，她的女儿上了大学，于是伊娃再次回到校园。

艾伦：你怎么描述自己所在的社区？

伊娃：在我以前住的社区，大家都是黑人，没什么特别的。如果哪个朋友家里有父亲，那反倒不正常了。我的母亲是一位单亲妈妈。我们会上学，但我不知道自己家很穷，完全没有概念。我知道人与人是有区别的，也知道种族歧视是怎么回事，只是那时候还不知道它的名称，我一直以为这个世界就是这样。因为我所看到的世界就是这个样子的，当然，除了电视上的，但我们都认为电视里的东西全是假的。我们就是正常上学。我们家有三个孩子，我是老大，有一个小我两岁的妹妹和一个小我六岁的弟弟。从女性的角度来说，我并没有注意到这方面的差异，比如弟弟是怎么优于两个姐姐的。后来回想起来会觉得不公平。我的母亲是一位非常强大的单亲妈妈、非常强大的女性，她应该也有非常害怕的时候，不过直到现在我都没法想象她会承认自己害怕。

艾伦：你能回想起她当时因为什么害怕吗？

伊娃：我想就是基本的生活和生存恐惧吧，还有那些她从小到大经历的事情。她在南方长大，是黑皮肤，我的家人都是很深的黑皮肤，只有我的肤色稍微浅一些，因为我和弟弟妹妹是同母异父。所以对妈妈来说，人生真的很艰难……很少被理解。不过，我们都已经走过来了。

艾伦：(改变) 真的是非常迅速，回望那段时光，从她的经历发展到你的经历，可以说是翻天覆地的变化。

伊娃：包括她为了让自己的孩子们生活得更好而做出的改变。

艾伦：你觉得自己在成长过程中有没有一种意识，就是觉得"这个世界不安全，生存才是最重要的"？

伊娃：生存，哦，是的，当然。这让我想起关于木箱里的螃蟹还是龙虾的说法，它们一直努力想要爬到最上面，却又被彼此拉了下来。我曾经思考过这句话，也想过事情为什么非要这样。从箱子外面看似乎确实是这么回事，但是过一阵子再回头看，我发现那其实不是恐惧，而是一种保护机制，因为如果你不追求爬到最上面或者成为成功人物，你就不会受到那么大的伤害。

艾伦：你觉得这些对你有什么影响吗？毕竟你已经在攻读硕士学位，已经走出了那个箱子、那个牢笼。你已经在其他地方了。

伊娃：谢天谢地。我也是这么想的，这些对我是有帮助的。我想其他的一些事情对我也是有帮助的。不知道为什么，我相信目的。我相信所有的发生都是有目的的。

从种族、性别、离异和经济拮据等角度来看，伊娃和玛莎都是处于所谓"劣势"地位的个体。我们可以清楚地看到，玛莎的做法主要是抱怨，而伊娃采取了努力建设的态度。与玛莎不同的是，伊娃以"是"的态度继续前行，她没有让龙虾掉回到木箱里。伊娃必须做出选择，是带着恐惧顺从文化上的期待（也就是没有期待），还是坚持追求自己的理想。伊娃选择的是凝聚了自我尊重、目标感和合作的奋斗过程。

苏格拉底式提问 8.1

从"是""是的，但是""不"这三种态度的角度考虑，再结合合作与贡献的能力，你会把玛莎和伊娃分别放在图 8.1 所示的社会兴趣和心理健康测量模型的哪个位置（还可以参考第二章关于图 2.1 的讨论）？

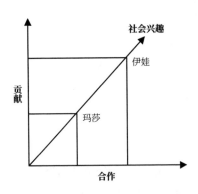

图8.1　通过合作和贡献测量社会兴趣

　　阿德勒认为，人生成功的唯一标准在于个体拥有的社会兴趣的程度，即个体心理健康的理想状态，我们今天称为"品质"。社会兴趣或品质需要有意识地加以培养。社会兴趣的发展会带来合作和贡献能力的发展，这是品质的基本要素。此外，品质也与阿德勒心理学提出的自尊概念有关，"即便会犯错且不完美，依然感觉自己是有价值的个体"。[10] 所以说，有勇气做自己，即是有勇气接受不完美，这是品质发展的关键。我们的自尊（或品质）是主观的，不依赖于外在评价。

　　表 8.1 列举了 36 项有助于判断"是"的态度的品质特

性或要素。我们可以使用这些特质或特性发掘或协助他
人发展社会兴趣与品质 _(参见第十章工具4)。

表 8.1　品质特性："是"的态度

品质的要素

接纳令人不愉快的现实	可爱
成就感	成熟
亲和力	积极的关怀
恰当的愤怒	力量和掌控
恰如其分的责任感	选择的力量
归属感	轻松
信心	不被负罪感所困
感恩	不被恐惧和焦虑所困
勇气	安全感
追求成功的勇气	达成合作
平等	自我接纳
身份认同	自我尊重
保持对现实的觉知	平静
独立	成功
智性的自尊	对痛苦或失望的忍耐
不易受诱惑	信任
自由	相信个人的判断
活在当下	无私

情绪的使用

根据阿德勒的观点，我们处理人生任务的独特方式不仅仅体现在我们的行为和想法上（比如玛莎认为自己命运不济），还展现在我们的情绪和气质里。"情绪（emotions）源自两个拉丁词根，ex 或 e 指'从某处出来'，movere 指'移动'。因此，情绪帮助个体以某种方式从某一情境中'移动出来'，这一方式与他 / 她的生活风格和直接目标保持一致。"[11]

可以说，情绪为我们的行动提供了能源和动力，若是缺少了这一驱动力，我们可能会变得软弱无力。每当我们决定努力做一件事时，情绪就会发挥作用，使我们的决定得到实施，也允许我们采取立场、发展明确的个人态度，以及形成信念。此外，情绪也是建立牢固的人际关系、发展兴趣和结成利益联盟的唯一基础。情绪让我们在重视或不屑、接受或拒绝、享受或讨厌之间做出选择。简而言之，情绪使我们具有人性而有别于机器。[12]

举例来说，被忽视和歧视的感受，倘若没有给予恰当的认可，就可能持续导致嫉妒这一破坏性品质，进而带来绝望的感受。愤怒、悲伤和恐惧都被看作分离性或破坏性情绪，会推动人们背离社会感觉。分离性情绪（disjunctive emotions）即那些令我们对抗他人并且不尊重自己的感受。连接性情绪（conjunctive emotions）则包括喜悦、同理心及谦逊，它们是社会兴趣的体现，可以帮助人们克服困难。

比较和竞争受恐惧的驱动。通常，竞争意识强的人渴望借由自己所做的事情得到夸奖，他们一心追求认可和奖励，一旦遭遇失败或不那么完美的结果，他们的反应要么是惩罚自己，要么是惩罚他人。竞争会使一个人总是表现出乞求或幼稚的态度。受制于外在的成败标准或个人虚构的完美目标，会导致一个人不愿意冒任何风险，只能隐藏愤恨和敌意，这样的人看起来无趣且有依赖性，而且很快就会被训练得只关注"旁门左道"，比如依赖 / 责备、操纵 / 控制、奴役、傲慢的要求、一厢情愿、进退两难、被动、盲目崇拜、缺乏胜任感、排他，等等。那些总爱和他人比较的个体会逐渐丧失自己的独创性，要么通过模仿来补偿自己的不足，要么干脆不主动行动。他们在处理人生任务时既没有创造力，也不敢冒险。他们被恐惧禁锢，因而做事情时毫无乐趣和喜悦可言。在孤立和孤独之中，他们看不见自己与生俱来的自由权利。这些个体受困于分离性情绪，用图 8.2 的"远离"一词和以

"不"的态度为特征的"拒绝动向"来描述这些情绪再合适不过了。

与之相反，如果我们能够与自己、他人合作，便可以描绘出一幅完全不同的图像。当我们有勇气创造和再创造时，便可以自力更生。带着自主感，我们敢于与他人联结，追求自己的理想。自立的个体在所有关系中都能够自由展现探索精神、独立、灵活、体贴、独特、活力、开明和朝气。那些体验到自我实现和满足感的个体会充满信心，愿意为外在世界做贡献。他们拥有高标准的社会兴趣。那些有勇气合作的人懂得等待属于自己的机会，也会活在当下。他们在社会互动中沉稳而执着，相互尊重。他们所体现／表达的连接性情绪可以用图 8.3 所示的"前进"一词和"前进动向"加以描述，这一动向使得他们能够平等地对待自己和他人。即使面对恐惧，他们也会以"是"的态度迎接人生挑战。

情绪都是有目的的，当我们观察个体的目标或行为时，就可以对情绪加以识别。我们还可以根据自己心烦、愤怒、受伤或绝望的感受，猜测孩子的不当行为目标：寻求关注、权力之争、报复、表现出能力不足（参见第六章表6.2）。个体心理学认为每种情绪都是有目的的，抑郁也不例外。抑郁是可被社会接受的愤怒的掩饰，意味着"沮丧、失望、否定、感觉不公平、失控，或者是上述态度的任意组合"。[13]

在阿德勒看来，愤怒这一感受最能体现个体对权力和支配的渴望，而最初的沮丧感在两个平等个体的相互尊重中可以很容易得到解决。当个体遭遇失去或剥夺却无法安慰自己时，悲伤就会油然而生。

从心理角度来看，厌恶的感受包含了从内心把什么东西"呕吐"出来的倾向和意图。恐惧出现在我们预料到失败并且对优越性抱有渴望，同时要求保护或特权的时候，它会帮助我们逃避生活责任，也是我们用以控制和奴役他人的手段。

敌意是一种针对他人的强烈自卑感或优越感，通常隐藏在健忘、失眠、担忧和笨拙的伪装之下。[14]

苏格拉底式提问 8.2

你常常担忧吗？担忧可以带给你什么帮助？担忧的代价是否大于改变的代价？你担忧的目的是什么？是什么在阻止你改变？在解决你所担忧的那些问题时，你有哪些"是""是的，但是"或者"不"的态度？

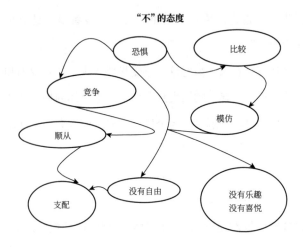

图8.2 分离性情绪、"远离"词语、拒绝动向

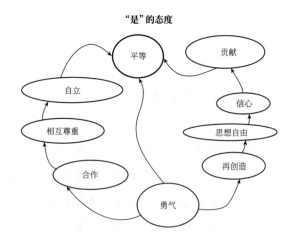

图8.3 连接性情绪、"前进"词语、前进动向

神经症症状的使用

在前面的几个章节，我们通过不同角度讨论了个体面对整体生活和基本人生任务时采取的方式以及截然不同的人生态度（比如基于恐惧还是基于勇气，基于情爱还是基于博爱，及其带给亲密关系、友谊和家庭的影响的对比），从而阐明了两种不同的活动方向：朝向还是远离社会有用性。在本章，我们也已探讨了个体如何采用"是"或"不"的态度和情绪与自己相处。这些例子都展现了独特的生活风格如何描绘生命动向，并且在思想、情感和行为中表达出来。

人类原本出于对"原罪"的恐惧而不做坏事，而今越发明显的是，恐惧本身成了现代人的"原罪"。[15]

同样的心理动向（即克服"感觉上的减号"并努力追求"感知上的加号"）也在引导着我们与自己之间的关系，这一问题还会阻碍我们实现其他人生任务。逃避或回避与自己相处这一人生任务会付出很大的代价。

用于逃避社会参与和情感问题的机制有很多，主要特征是基于错误的信念、夸大的担忧、嫉妒和占有欲，进而导致神经症问题或症状。很多人在面临危机时会第一时间产生这些行为，神经症问题或症状在他们当中非常普遍。

　　特蕾西的人生颇为坎坷：车祸、房子被法院拍卖、在丈夫多次意图自杀后离婚、家人过世，还有她的自身免疫性疾病。最近，身为嗜酒者的配偶，她参与了几次嗜酒者互诚协会的会议。其间，特蕾西坦陈让她逃避"清醒的社交生活"的主要原因是她自己，而不是那个酗酒的人。她很快意识到自己常常对一无所知的事情妄下定论。她将这种责备型的态度归因于自己以及自己的恐惧。特蕾西还认识到，她的暴食行为与她如何利用自己的疾病有关。

　　软瘾和化学物质成瘾的一个共同点是，你摆脱不了你自己……不管走到哪里，你都和自己在一起……你迟早要直面这个问题……坦白讲，食物就是我的朋友……我喜欢那样；因为它不会回嘴、对我失望、霸道、让我恶心或者浪费我的时间。我知道，有时候我会通过食物来疏解孤独和无聊，隔绝自己的感受，或者忘记人生中的困难和悲伤。我只是不知道如何在这个过程中努力，好让自己变得健康。也许这个"安全的"地方正是我开始面对个人问题，并且开启康复和健康之路的机会。

——特蕾西

我们相信，恐惧是所有神经官能症的根源，它的作用在于，当自卑感出现时，它会协助个体逃避艰难的任务。因为害怕在别人面前暴露自己的弱点，我们会积极且富有创意地呈现自己的神经官能症。阿德勒心理学认为，神经官能症，无论哪一类型，其背后都隐藏着被巧妙包装的敌意。患有神经官能症的个体缺乏社会兴趣，不愿面对和解决问题，反而运用身心、情感和想法的功能与自己做斗争。

在与自己做斗争的过程中，我们会依照生活风格选择症状。某些特定的综合征还与特定的人格类型有关。比如，一个固执的人，道德标准高且无法面对自己内在的叛逆和对抗，那么他很容易发展出强迫症状；胆怯和依赖的人，更容易以恐惧和焦虑作为适合自己的症状。对自己的力量和能力有信心的人，则倾向于器质性症状，因为这些症状看起来是自己无法掌控的。[16]

神经官能症患者是那些在人生旅途中遭遇挑战时失去了勇气的人。气馁和孤立是以下问题的共同特征：神经官能症、抑郁、犯罪、自杀、变态行为、成瘾以及其他形式的精神失常。[17]个体越是气馁，就越发觉得自己难以应对人生要求，因而会更有可能且更加坚定地逃避人生任务。

从心理因素来看（相对于遗传或生理因素），神经官能症仅仅是伪装的疾病，以作为在应对冲突时对社会要求的主观逃避。根据沃尔夫[18]的观点，神经官能症的特征包括：

- 忽视人生的意义和社会合作的价值。

- 将个人的自我放在首位，过度崇尚个体的独特性。

- 恐惧情绪暗流涌动。

- 寻求主观的权力感和安全感。

- 有目的地达成神经官能症的目标。

- 用"我不能"代替"我不要"。

- 寻找替罪羊。

- 坚信个人不对失败负责任。

- 徒劳无功。

- 孤立且压缩活动范围至最低生活所需。

沃尔夫以战争前线来比喻人生任务提出的要求，将五种神经官能症的逃避模式和特征概念化，并逐个进行讨论（见表8.2）。[19] 阿德勒心理学认为，神经官能症是个体宣布无助的方式，是不参与基本人生任务的借口，也是逃避人生问题的创造性策略。精神分裂症（不包括生理缺陷所致）是一种神经性的幻想，患者通过生病的表象来逃避完整人格须担负的责任。我们可以经由个体针对冲突的反应性质来辨识精神疾病的类型。

表 8.2 神经官能症的特征和模式	
逃避现实的方式	**神经官能症的特征**
优越情结	咄咄逼人、严肃紧张、有野心、偏执、恐惧、长期不快乐
在观望中犹豫	优柔寡断、拖延、犹豫、怀疑、虚耗光阴、细节上要求完美、陷入好与坏的冲突、需要安全感、抗拒冒险、对生活要求欠缺准备、忧郁、抑郁
绕道避开人生竞技场	精明、对自己的策略感到困惑、只为获得称赞而工作、具有社会价值的生理症状、高血压、胃痛、失眠、莫名的疼痛、紧张、疲惫、鼻窦炎
公然撤退	承认自卑并公然撤退，复制儿时的依赖状态和对安全感的需要、拒绝长大、表现无助、巨婴、精神分裂、器官缺陷
自我毁灭	自杀或对自己的心理价值进行自杀式的自我伤害、自残、歇斯底里的瘫痪状态，等等

与自我和谐共处

在去世前六周，玛丽娜和我说到最近肿瘤科医生看起来很严肃。我告诉她，他已经有很长一段时间没有好消息和我们分享了，不像七个月前一切都进展顺利，所以他可能觉得不适合表现得轻松或幽默。我提醒她，如果她能先幽默一下，医生没准儿会很感激。于是，有一天，虽然玛丽娜因为肝功能失常而感到非常不舒服（就像她说的，她看上去就像是怀胎十月），但是当医生走进检查室的时候，玛丽娜把双手放在她肿胀的肚子上说："这是你的。"医生几乎要笑翻了，可是她还没完呢。当医生否认这事儿跟自己有关时，玛丽娜继续说："不，我很确定是你的。"

马克在妻子的葬礼上发表悼文时讲述了这个故事。这对夫妻结婚三十三年。他们面对死亡的勇气和幽默既美丽又真实，充分显现了他们与生命的合作（例如对死亡的接纳）以及对他人的关怀。玛丽娜在生命临终时展现的勇气和爱，之后也成为支撑她的丈夫和孩子在人生中继续前行的勇气和爱。

在十二岁的时候，大卫被诊断出肌肉萎缩症，他的所有肌肉功能都会逐渐衰退，有的医生预测他只剩十年可活。就在高中毕业前夕，大卫又因为一场车祸严重受伤。住院治疗之后，他再也不能站立，只好被迫离开学校。他在家里待了八年，深陷沮丧之中，为自己感到难过。在那段时间，大卫的父母把所有积蓄都用在了给儿子看病上。有时候他们甚至需要典当一些值钱的物品来支付医疗费。为了鼓励大卫参与社交活动，医生会带着他出去参加音乐会和其他活动。有一次，大卫去上一堂钟表修理课，希望以后至少可以当个钟表修理师自谋生计。上课的教室在二楼，而且没有电梯，他只好坐在楼梯上一步一步向上挪。课程结束之后，大卫心想："如果我可以战胜这些楼梯，为什么不能克服大学校园里的行动障碍呢？"后来，他进了一所大学主修英文，学习非常用功，而且每年都拿奖学金。至于现在，在科技的帮助下，大卫已经在家从事英语家教二十四年，甚至出国旅行了好几次。大卫深信"天助自助者"这句话。

就像玛丽娜和马克一样，大卫有很多方法（比如"是"的性格特质）可以让自己充分发挥生命潜能。他重视教育，享受工作，能够忍受生理限制的折磨。事实上，战胜疾病的过程为他带来了勇气和社会有用性，反而令他更加热爱生命。

特蕾西也和玛丽娜、马克和大卫一样怀抱"是"的态度面对生活挑战。对特蕾西来说，存在的勇气在于轻松面对自己对于软瘾的觉知，她通过练习和反思宁静的新感觉获得了这份勇气。[20]

宁静……是什么呢？对我来说，宁静的真正考验在于我可以和自己相安无事。相安无事或宁静就是身心灵都处于平静状态，不执着于自己无法控制的人或事，或是与自己无关的情形或环境。虽然成长的痛苦包围着我，但它同时也给我留下了明净、目的和方向。对我而言，宁静是一种聚焦、扎实和安宁的品质，让我可以专注于此时此地。在混乱复杂的日常生活中，我仰赖宁静强化和赋予的力量，即使是在黑暗中，它也能推动我一路向前。黑暗只不过是个人主观的。

——特蕾西

苏格拉底式提问 8.3

当贝多芬的听力逐渐消失时，他只得从钢琴演奏转变为作曲。在这个过渡阶段，他从企图自杀到完成名作《第三钢琴协奏曲》，该曲被喻为贝多芬的第一个"全新自我"。在遭遇逆境和阻碍时，有些人会如何退缩至神经症的行为模式？而另一些人又如何保持力量继续生活？神经官能症可以治愈吗？当人生看起来充满矛盾的时候，当生活的问题看起来非常棘手的时候，一个人可能与自己和谐共处吗？

肯定与矛盾

我们之所以与自己发生冲突，主要是因为在面对人性中对立的二元性时，我们会怀疑自己、害怕失败，并产生不足感。我们和自己对抗，却又矛盾地知道自己永远都不够好，因为完美并不真正存在。其实，矛盾的目的就是回避，因为我们无法同时往两个方向前进。

马克最近失去了与自己结婚三十三年的妻子（死于癌症），他描述了自己经历的矛盾。当绝望消失之后，他逐渐体验到成长、兴奋和能量，但同时也开始感受到现实生活的常态或安逸，对此他持有消极的视角：

> 那种（对生命和妻子逝世过程的）参与是非常重要的，我觉得它给了我一种生命意识，这种体验是我无法通过其他方式获得的，我希望它（这种能量）可以持续下去。但是我想它开始有点消退了；情况开始……有一种倾向，我注意到自己有点落入安逸了，好像我必须继续前进（成长和体验），否则就是太安逸了。这是一个关于真实性的问题——它既存在于精神世界，也存在于客观世界。客观世界不会要求太多，我们都知道其中的规则——努力工作、存钱、住漂亮的房子、开好车、彼此说着言不及义的话，总之就是这些我们都知道的规则。它

虽然稳定，但是缺乏意义，真正的意义。我知道这其中的差别：安逸的深处是空虚。可是，它是需要努力的，而努力是真实、辛苦、有意义的；但它也容易停滞不前。我必须不断地问自己：什么样的生命意义才是真正重要的？如何才能做到？生命的意义流动不止，它是怎么变化的？如果我能给自己一条关于此刻生命意义的基准线，我就能重新回到那里，并且说"是的，好，我正在前行"或者"是的，我正在喘口气（寻求安逸）"。但是，这样我也不会受安逸的诱惑了，或者换句话说，我也不会受冒险和兴奋的诱惑了……就像我刚才提到的旅程，它是一条路径，是前进的、有动向的。它也是空间，是平静，是灵性，而我得以有机会体验到它。

上周学滑雪时（其实是重新温习），我发现要想真正体验滑雪就必须放松，而不是试图控制……控制变得失去了意义。滑雪是各种元素的结合：雪山、雪、雪板、平衡、头，涉及各个类型的动向，但是我们必须放松，不能一直想着控制。在使用雪板时，你需要从一边移到另一边，持续不断地与平衡互动，与其他各个元素互动。刚开始滑雪的时候，我倾向于向后倾斜——这是一种直觉——这样很安全、很简单，不会摔得太惨。如果太向前倾或者被雪板绊住，可能会翻个大跟头。摔得很重，也可以从中学到很多，但是你很可能会疼得没办法马上起身。滑雪的美妙在于找到那条平衡线。

我们在第一章提到，人类拥有繁衍和避免死亡的生存渴望。我们的勇气与权能意志密切相关，其中意志（will）是我们与生俱来的特性，同时我们也拥有能量（power），经由力量、承诺和克服人生困难的能力来肯定生活。马克在经历了失去妻子的绝望后体验到的心理动力，正是我们所说的创造性能量的一部分，它让马克在克服不完整的同时努力追求完整。

罗洛·梅在《存在的探索》（*The Discovering of Being*）一书中指出："每个存在的个体都具有自我肯定的特质，这种自我肯定的名字叫作'勇气'。"[21] 人类的自我肯定包括两个不同但不可分割的方面：成为自己的勇气以及参与社会的勇气。马克体验到的矛盾心理，虽然有可能引发焦虑，却是最终走向自由和疗愈的通道。

"冒险会引发焦虑，不冒险却会失去自我"……利用种种可能性，直面焦虑，接受其中的责任和内疚感，会带来不断提升的自我觉察、自由，以及不断扩大的创造力。[22]

在学习与雪板和谐共处时，马克对诸多因素共同作用的觉察体现了他继续前行的勇气。虽然在妻子去世之后，他在迈向广阔的人生与寻求安逸之间体验到了强烈的矛盾，甚至让他产生怀疑，但是他仍然拥有自我肯定的勇气。马克接纳了这份矛盾，并在利用新的可能性与满足人生要求之间找到了平衡，他有成为自己和自我实现的勇气。

存在的勇气就是在不被接纳时仍然有勇气像被接纳了一样接纳自己。[23]

小结

太多人生活在不快乐之中，却不愿意主动改变现状，因为他们已被安稳、从众和守旧的生活制约，这种生活看似可以带给人内心的平静，实则没有任何东西比安全的未来更苛求冒险精神……如果你认为喜悦仅仅或者主要来自人际关系，那你就错了。上帝已将喜悦围绕在我们四周，它存在于我们能体验到的所有事物里。我们要做的只不过是有勇气离开习以为常的生活方式，然后投入不寻常的生活。它（那一道光）就在那儿等着你去抓住，你只需要伸出双手。你唯一的敌人就是自己，以及那不愿投入新环境的顽固。[24]

上述引文出自 22 岁的青年克里斯·迈克坎德雷斯，他拥有前途无量的事业和机会，却与自己的真实性失去了联结。这段引文出自他写给一位老绅士朋友罗恩·弗兰兹的信。大学毕业以后，克里斯为了寻找慰藉、自在和自我，抛弃一切现代文明，尝试在最大程度上独立求生。这一自我放逐的过程最终带他走进阿拉斯加的荒野，他的死亡引发许多争议，也令我们深思。是什么改变了他在旅途中待人的态度？他在死前留下的最后一句话是："快乐只在分享时。"[25]克里斯在存在的勇气和最终归属的勇气中追求真实性，我们可以从中学习到什么？

从存在主义的角度来说，存在（being）是一个动词。存在的勇气即是生活的勇气。我们既然存在，便会朝我们想成为的方向不断努力。存在是生命、意志、行动和成为等概念的概括。我们想要生存，这是人之本性，而生存就需要达成生命交付的任务。存在的勇气是我们本然的生命力，即便在生活条件充满矛盾和挑战的情况下，它也能带给我们肯定和支持。

在个体心理学中，存在的勇气是一项人生任务，我们需要从中认识自己的人生计划，辨识那些妨碍我们在爱、工作和社会中承担责任的无效的"旁门左道"，进而获得自我接纳和信心。为了做到这一点，我们还可以衡量自己远离或朝向共同体感觉的距离，或聆听自己在解决问题时说"是"或"不"的人生态度以及潜在的情绪。为了不受制于私人逻辑以及对失败的恐惧，我们需要采用"是"的态度和决策能力，以作为整体生命的一部分。让我们以一位

当代阿德勒心理学家的观点来总结这一章，他认为我们
应当：

"像"我们本就是一个生命共同体那样生活……质问
自己想要达成什么，注意分离性情绪和想法，代之以连接
性情绪和想法，意识到自己在某个瞬间表现出来的勇气以
及对自己和他人的爱，在这些时刻里好好鼓励自己……这
样就可以了。[26]

冒险吧！

大笑就是冒险让自己像个傻瓜。

哭泣就是冒险让自己看起来多愁善感。

对别人伸出援手就是冒险参与。

表达感受就是冒险展现真实的自己。

在众人面前展现你的想法和梦想，

就是冒险被人奚落。

爱人就是冒险得不到被爱的回报。

活着就是冒险面对死亡。

希望就是冒险承受绝望。

尝试就是冒险迎接失败。

根本不冒险的人，

将一事无成、一无所有、一无是处。

他们也许能躲避痛苦和悲伤，

却无从学习、感受、蜕变、成长、爱或生活。

我们必须冒险，

因为，生命最大的危险便是不去冒险。

唯有敢于冒险的人才能得到自由。

——佚名

第九章

精神健康的勇气

我以为我的精力已竭，旅程已终，

前路已绝，储粮已尽，退隐在静默鸿蒙中的时间已经
到来。

但是我发现你的意志在我身上不知有终点。

旧的言语刚在舌尖上死去，

新的音乐又从心上迸来；

旧辙方迷，新的田野又在面前奇妙地展开。

——泰戈尔《卡比尔之歌诗选》

精神性的人生任务

我们对"存在"和"归属"任务的讨论唯有与精神性的
角度相结合才是完整的，人类会从精神性中体验到个体和
社会更深层的问题与解决方案。本章将着重探讨另一个
存在性任务，即与宇宙和谐相处，又被称为"精神任务"。
个体心理学提出，为了满足精神任务的要求，我们需要实
现五项子任务。这些任务都和我们与宇宙之间的关系有
关，包括：1）我们对神是否存在做出的个人决定；2）我
们对宗教的态度；3）我们对人类在宇宙中地位的理解，
以及这一理解引领的心理动向；4）我们针对不朽问题的
处理方式；5）我们对生命意义的答案。[1]

我的生命最显眼之处就是残疾，这一疾病被称为大脑性瘫痪。因为残疾是先天的，我很容易形成这样的视角："我这种情况能怪谁呢？"但是恰恰相反，我很感激这个生命故事展开的方式。因为我已经意识到，我的思想、精神和灵魂居住在这个身体里，并且以独特的方式相互交织，它们一直在教导我，我在地球上的存在意义远超过大多数人所理解的"美国梦"。我必须接受，我的造物主对我的生命自有计划，这份计划唯有我才能实现。我已经理解并且接受这一殊荣，因此我会带着觉知努力，感谢每一天带来的馈赠。

——谭雅

谭雅是一位三十多岁的非洲裔美国女性。在回应"为什么是我？我的疾病是更大计划的一部分吗？我活着的目的是什么？"这些问题时，谭雅为自己的残疾、失业，以及在个人发展、婚姻和单亲生活等方面遭遇的挑战找到了终极的答案。虽然命运多舛，但她依然拥有坚持和超越的勇气，多么了不起！谭雅不仅对自己"可以成为什么"保持乐观，还拥有支持自己实现人生目标的内在力量。

我相信"业力"。对于发生在我身上的一切，我全然接受并视它们为命运的一部分。我无法改变自己今生的命运，但我知道，来世我和我的孩子都能够受惠于我此生的善行。

——莉莉

莉莉今年 77 岁，独居且财务拮据。她将生活中大部分的痛苦或不满意都归因于前世行善不够。她虔诚地在一座佛寺担任义工，协助信众拜佛以及在财务和关系问题上求问佛祖的建议。对莉莉而言，寺庙就像家一样，她在那里感觉到自己对他人是有帮助的。

苏格拉底式提问 9.1

谭雅和莉莉都拥有接受生命本然样貌的勇气。虽然信仰体系不同，但是她们的信念都呈现在社会有用性的感觉中。她们持有的价值观或路线图，都为她们在物质世界以外的灵性生命指引方向。结合本章开篇列出的五项子任务，我们如何进一步了解谭雅和莉莉的世界观？

奋斗：克服的勇气

玛丽是一位白人女性，她在孩子上幼儿园之后重返校园。整整七年时间，她将自己淹没在完成学业与照顾家庭的双重需求中。是什么内在力量驱动她实现了自己必须达成的目标？她分享了如下反思：

有时候听起来有点儿吓人……我问自己："我知不知道自己在干吗？"结果发现我不仅找到了属于自己的路，还探索到了自己内在的力量，这是一种驱动力，它带给我希望、目标感，以及一种全然的满足感。哇！我坐在那里热泪盈眶，意识到这就是我必须到达的地方……我感觉自己本来已经萎缩的那一小部分自我，因为得到了生命之水的灌溉而变得丰盛柔和，并且开始繁茂生长……我开始关注并觉知自己内在的想法和感受……对它们加以反思……给它们空间……允许它们浮现，并赋予它们生命。所以我很感恩自己此刻可以站在这里。

——玛丽

玛丽体验到的生命力量正是阿德勒所说的"创造性力量"。[2] 它使我们产生一股冲动，就"像"（as if）[3] 我们即将克服所有的不完美一样。创造性力量推动我们朝着追求完美的目标前进，这是对所在环境的补偿性回应。这种力求克服不完美（或者是为了追求权能）而付出的努力被称为奋斗的目

標 (goal of striving)，它是每个人与生俱来的能力。

奋斗是生命独特的活动。生命是朝向某个最终状态的动向——不仅包括我们已经知道的结局，还有我们只能寄以希望的方向，就"像"它真的存在一样。不仅包括欲望带来的不足感以及满足和圆满带来的优越感，还有个体为之奋斗的终极关怀，也是最终目标，"永恒的命运"。[4]

自卑感是我们追求优越性的原因。从心理层面来说，追求优越性和完美是个体最主要的内在动力，这是理解阿德勒整体人格概念 (见图1.2) 的最关键因素。阿德勒认为，一般人的奋斗目标还包括追求权力、安全感、圆满、克服、最终的适应以及自我提升。总之，奋斗乃是精神层面的克服或自我实现的问题。

"这种对更好的适应性的追求和压力永无止境。"[5] 我们的奋斗并不会满足于社会适应。或者说得更准确一些，社会适应只是我们朝向终极的生命意义或精神归属感奋斗带来的一部分结果。个体心理学将创造性力量看作奋斗的生命力，推动个体从自卑感走向克服的目标。

因此，个体心理学对精神性 (spirituality) 的定义如下："个体有觉知地为了追求生命完整性而奋斗的体验，这并非自我孤立和自我沉迷，而是个体朝向自己感知到的终极价值奋斗的自我超越。"[6] 神秘的创造性力量带给我们勇气，让我们远离自卑感，向着"社会有用性"的目标前进，这是个体与生俱来的精神需求。在宇宙范围的共同体感觉的指引下，归属的勇气在于允许创造性力量发挥作用，协助我们发展并实践精神性的人生态度。人类是生命整体的一部分，而为了适应外在世界而奋斗，是我们发展与宇宙之间关系的先决条件。[7] 错误的生命路径意味着个体朝与追求完美的目标相反的方向前进，并且逃避人生任务，以避免承受必然的失败。

痛苦与受苦

在嗜酒者互诫协会的会谈尾声，一位女性成员问我："你对我们有什么看法？"

我还没来得及回应，她又说："你认为是什么让我们聚在一起，并且愿意继续回到这里？"

我刚要回答，她接着说："是我们的痛苦，是我们想要保持清醒的挣扎，以及我们对彼此感同身受的事实。"

我在心里思忖：作为刚起步的咨询师，我能看见来访者们的挣扎和痛苦吗？我能否给他们一个安全和宁静的康复环境？我想是可以的。这些会谈以一种"精神性"的方式深深地吸引着我。

——伊丽莎白

自卑感不仅存在于我们与自己、家人和社会群体的关系中，也存在于我们与自然、社会和宇宙的关系中。宇宙中的自卑感（cosmic inferiority）提醒我们看见自身的渺小与无助。世事难免无常，我们所在的世界问题重重、充满敌意，悲剧事件威胁着我们的整体性，令我们与自己和社会疏离。死亡和疾病是自卑感的两个来源，鲜少有人能够逃脱。而痛苦和受苦是死亡和垂死、冲突、精神失常、虐待、忽视、堕落和压迫造成的损失导致的结果。

此外，无论是朋友、家族、社会群体，还是国家或任何群体，在争夺稀缺资源、权力和声望时，都有可能致力于自我保护和相互排斥。

无端的集体优越态度是歧视和压迫的基础，进一步导致了隔离和冲突。受苦有多种定义，但共同的内涵都是承受或经历痛苦、打击或困难，意指身体和情感上的伤害引发的痛苦的感觉。

在受苦的深处，我们往往承受着身体、社交和道德上的孤立感，以及对生命意义的危机感。

在我第二个患有智障的孩子出生的那一天，我陷入了深不见底的绝望深渊。我觉得自己快被淹死了，却连如何挣扎都不知道。然而，在身体的某处，仿佛有什么东西想要穿越这恐惧，并以某种方式让它发挥作用。当我触碰到对我而言最黑暗的深处时，我突然感知到被托举，感知到一股应许的力量，只要我愿意去寻找它。我知道，这是一次直接与神面对面的体验。

——佚名

受苦是不可避免的，在我们的生活中普遍存在。若要理解我们的痛苦和受苦，并且从中解脱，需要精神价值的支持，而传统的心理学并不涉及这方面的议题。在这个世界上，世世代代的精神和文化价值体系都在试图探索受苦的意义和解药（如表9.1所示）。

受苦是神用来唤醒死寂世界的传声筒，因为人类与宇宙及造物主之间未能和谐共处。[9]

心理学中，我们必须针对受苦的成因提出问题：如何才能消除这些情形？我们对受苦的反应有什么不同？受苦有哪些治疗性价值？勇气如何帮助我们走出脆弱？受苦的意义是什么？在什么情况下，受苦有助于我们绽放人性？

信念系统	成因	消除
儒家	不义	以仁爱的言行处世
道家	不够珍惜万物	珍惜万物
佛家	贪欲 / 执念	去除贪欲或放下执念
基督教	背负耶稣的十字架	救赎（爱神、爱人）
存在主义	存在的焦虑	寻找意义
人本主义	低自尊	自我实现

表 9.1　受苦的成因与消除 [8]

从个体心理学的观点来看，受苦是不表现出挫败的无意识决定。痛苦和受苦是更深层的归属问题，受苦也是为某个目的服务的。它是一种被个体用以阻止康复的愧疚感，是整体生活风格的部分表现。

长期受苦是个体的一种心理安排，这样的个体往往持有错误的信念，比如"这不公平""别人需要照顾我""看看我多伟大""谁也不能在这种情况下对我落井下石"。[10]

因此，在应对所有人生任务时，这些个体都不会采取以任务为导向的态度，而是以自我为导向，逃离痛苦的情境，绕道而行，或者踌躇不前，假装问题并不存在，结果反而承受了更多苦果。

没有任何经历会导致我们成功或失败。令我们受苦的并不是个人经历带来的震撼，即所谓的创伤，而是我们依照自己的目的赋予经历的意义。[11]

在私人逻辑里，个体只会把自己看作"个人"宇宙的中心，所以当事情按照自有的方式发生时，我们有时会难以理解。阻碍我们看到个体与生命整体性之间联结的，恰恰是我们自己。我们会感觉事情脱离了"本应如此"的样子，而这种被剥夺的感觉植根于我们极为有限的自我认知，以及我们对无意义和未知的恐惧。这些毫无根据的恐惧，再加上恐惧导致的个体与自己、他人和社会之间的疏离，都呈现了个体逃避社会责任、参与和贡献的可能性。个体独特的生活方式和追求完美的人生目标，对于他／她是否有勇气看到受苦的由来和目的，具有决定性的影响。

疗愈的勇气

在三十三年的婚姻中，我们从彼此身上学到许多，关于生命，关于好与坏。最后的六七年也都很好。即便是在一切听起来都很糟糕的最后十八个月里，消极的时刻也少之又少。在死亡真正发生的时候，虽然很难过、很沉重，但那也是婚姻持续过程中的一部分……葬礼之后的三个星期，我感受到的只有失去的无尽痛苦，以及强烈的迷失感。然而，三个月之后，人生似乎又有了无限的可能性，生命中开始有了风景。我曾迷失过，如今又被找回，而这一切只不过是死亡创造的过程。在那一小段时间里（葬礼之后的两到三个星期），我又有了熟悉的领悟。它和我在十七岁时的一段体验类似。刚开始是恐惧，对失去和死亡的恐惧……在迷失的感觉中，我反而看见重新寻找的机会，我知道那是一个选择……我知道自己已经在路上。

——马克

五十三岁的马克将失去妻子的悲伤体验与十七岁时在山里走失一天一夜的经历平行比较。他从"失去"的感觉走向"迷失"的感觉，而后看见了机会的存在。有一种心理动力（或过程）让马克通过妻子的去世认识了生命，并将他从绝望深处带往更广阔的空间，在那里他又重新看见自由和选择。在死亡面前，马克选择了生命。

马克拥有面对绝望的勇气。他的一生中曾经两次在经历危机时寻不到出路，但是在绝望的过程中，他感受到了难以言喻的被支持的感觉。马克的经历为我们阐明了存在主义关于"权力意志"的概念，而阿德勒将这一概念发展为"追求权能"。

在任何情况下，个体的追求和奋斗都不会停止。但是，拥有合作态度的个体，其奋斗乃是充满希望的、有益的，着眼于切实改善人类整体境况……人类的奋斗永无止境，因为我们始终都在发现问题或制造新问题，并为合作和贡献创造新机会。[12]

尼采关于"权力意志"和"永恒轮回"的观点，与叔本华的"生存意志"形成对比，但是与东方的自我更新思想并行不悖，也就是"生生不息"。对尼采来说，生存意志次于权力意志。权力意志不仅是叔本华认为的求生避死之本能渴望，我们更需要借此意志"成长、发展，还有可能将其他'意志'纳入其中"。[13] 所以说，权力意志，不仅是生存意志，还是存在意志——生命意志。权力意志是获得丰盛生命的意志。从田立克关于勇气的定义中，可以看到权力意志也是其中的一部分基础。

勇气是不顾一切的自我肯定，意思是说，它不顾一切阻碍，完成自我肯定的因素而肯定自身。[14]

田立克认为，自我肯定既是对作为自己的肯定（个体），也是对作为生命整体一部分的肯定（参与世界）。勇气必须植根于存在的力量（power of being），它比个人力量或个人世界的力量更为强大。勇气是自我肯定的两个方面遵循和谐的原则相互依存地发挥作用。生命是存在的力量自我实现的过程，存在的力量是勇气的来源。换言之，勇气是我们在面对困境时仍能自我肯定的生命力量。

根据存在主义的观点，受苦是我们为了寻找生命意义和丰盛生命而努力的一部分。疗愈即再次成为整体，重新获得我们与自己、他人及宇宙和谐联结的感觉。和谐或再次成为整体的价值体现了存在的一种理想状态，它可经由受苦之后的自我超越或蜕变来实现。事实上，从精神性的角度来看，健康可被定义为"自我的各个部分与环境之间的和谐关系"。[15]

图 9.1 以第二章图 2.1 的社会兴趣衡量模型为基础。箭头所指的朝着社会兴趣的动向，来自个体的合作与贡献之间的交互作用。它呈现了推动个体前进的整个改变过程，这一过程背后的动力是勇气和自我肯定的生命力。我们将这样的过程称为"疗愈"。

阿德勒认为，疗愈的基础是为了达成理想的合作而有所训练。对于有能力通过内在的创造性力量朝着社会有用

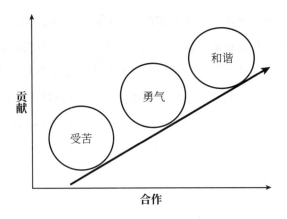

图9.1 痊愈的过程

的方向改变的个体，勇气是他们立足社会群体的某一方面。要获得疗愈，个体必须首先发展积极合作的勇气，带着"是"的态度朝社会兴趣的方向前进。[16] 因此，疗愈的勇气即超越受苦的勇气，即使身处逆境，也能为了与自己、他人和宇宙和谐共处不断奋斗。

《卿卿如晤》(*A Grief Observed*) 这本书对疗愈的体验做了最佳阐述。作者路易斯 (又名鲁益师) 生动地倾诉了他的丧妻之恸。刚开始，他感到害怕和心神不宁。他仍然习惯性地等待妻子回来。后来他发现，自己越不沉浸于悲伤，就越能追忆到妻子的种种。在经历了一段时间的焦躁不安之后，他的心开始安静下来，并且认识到，他的悲伤其实关乎自己、妻子以及生命（比如质问神在哪里）。对他来说，唯有超越了自己的痛苦，并且再度看见他人的苦难和自己的信仰，受苦的经历才会发挥普世与精神性的价值。

如同各式各样的情感，这感受也精疲力尽地结束了。痛苦也有其极致，然后慢慢平息。当然，不幸的事轮到自己，而非别人，成了事实，而不再是想象，就有天壤之别。是的，但对一个头脑清醒的人，应该造成这么大的差别吗？不，对一个有真实信仰又向来真切关怀他人愁苦的人，不应是这样的。[17]

苏格拉底式提问 9.2

疗愈的动向过程（如图9.1所示）如何帮助我们思考关于存在的议题？比如：为什么会发生在我身上？正在发生的这一切有什么意义？我用来迎接挑战的勇气来自哪里？在面对种种障碍的时候，我在人生任务（爱、工作和社会关系）中处于何种状态？在相同的人生境遇下，为什么有的人会被彻底击垮，并退缩至神经症的行为反应，而有的人却能够超越困境，继续前行？

勇气及相关的精神态度

在前面的章节里，我们提到，道德勇气必须与智慧和热情等其他美德相结合，才有助于我们评估并判断个体的行动目标。勇气是我们克服恐惧及消极态度的一种心灵能力。从存在主义的角度来说，勇气是奋斗的力量，是自我肯定的宇宙性力量和意志，即使面对诸多不利因素，依然愿意努力争取更丰盛的生命。有了勇气，人性的其他种种特质才得以呈现在生命中，而要实现更高层面的良善，勇气也必须与其他精神性的态度密切结合。

勇气是在前进动向中肯定个体的存在，本身就含有"不顾一切"(in spite of) 的品质。不顾一切有可能不被接受的地方，始终有勇气接纳自己的独特性和天赋使命，唯有信心可以为之护航。有信心，意味着相信还没有发生的事情，并有勇气接受事物本来的样子。接纳则是充分拥抱当下发生的一切的能力。田立克将"信心的勇气"定义为"对接受的接纳"。

你被接受。你被接受。你被比你伟大的存在接受了，被你不知其名的存在接受了。不要问这名字，或许你以后会发现；不要去做什么，或许你以后会做得更多。不要追寻什么，不要有什么作为，不要有什么打算。只接受你已被接受这个事实。如果这在我们身上发生，我们就感受到了恩典。[18]

接纳意味着带走、抓住或接住。[19] 存在主义的接纳的勇气，在道家"无为而无不为"的艺术，及其对人类渺小和空虚感受的价值的神秘领悟中有着最佳体现。在道家思想中，勇气乃是顺应自然之道，顺应事物的发展。毕奇尔夫妇生动地描绘了这样的生活方式：

有百分之十的幸运儿做好了独立面对生活的准备，这种态度体现在他们所做的每一件事上。他们将自己全然投入到事情中，就像把水倾倒在焦干的大地上。他们仿佛拥有无限资源，从不担心枯竭。他们似乎觉得这个世界是一个居住的好地方，因而生活自在，即便事情不尽如人意时，也不会觉得烦恼。如果前进的某个方向被堵塞，他们只需要换个方向，也同样能够享受乐趣。[20]

存在主义认为，克服自卑感就是带着信心投入生活，成为自己想要成为的样子。这需要个体在"集体的勇气"和"自我的勇气"之间保持和谐。[21] 存在的二元性——既要投入其中，也要懂得放手——深深地植根于个体心理学：接纳的态度需要我们与生命呈现的一切保持合作，而"不顾一切地说'是'"的态度是我们为人类同胞所做的贡献。这两者都以社会兴趣为指引。

在个体心理学中，希望的勇气（the courage to hope）呈现在我们为了更好的未来奋斗的过程中，这一过程不仅改变了我们当前的生活，也使得人类的进步得以实现。怀抱希望意味着活出未来的目标，就"像"未来已经在当下实现了一样。[22] 希望具有蜕变／自我超越的动态可能性，如图 9.1 所示。

我们正是怀抱着对最根本的归属感的希望，实现了在工作、爱和人际关系中的梦想，进而超越自我，远离孤立和自我沉溺，实现与更大的共同体之间的联结。

我非常了解那种陌生又奇妙的事情将要发生的感觉……我知道这希望有朝一日终将实现……如果我们在日常中有勇气把握住蕴含于现实之中的寓意，或许就会获得改变的机会，并且进入一个既让人害怕又无比美好的世界（world of Terreauty）。[23]

在希望与信心里，与勇气相伴而生的情绪是喜悦。喜悦来自对我们的精神渴望勇敢说"是"：我们渴望被认可、有意义、有所归属，并且经蜕变而变得完整。

博爱的勇气

"虽然我们无法取消既定的事实，但是我们可以运用它、理解它，从中学习并做出改变，如此我们便不会将每一个崭新的时刻花在懊悔、内疚、恐惧和愤怒上，而是活在智慧、理解和爱里，这便是生命的美妙。我们的一言一行都会导致联结或者疏离。大恶之后就是大善。而要实现大善，勇气始终必不可少。"现在，是我们展现勇气的时候了：不诉诸暴力的勇气、积极对话的勇气、对我们抗拒听到的内容保持倾听的勇气、控制报复冲动的勇气，以及保持理智的勇气。

我确信，我们每个人都带着良善的本性来到这个世上，我们一定要团结起来以恢复自己的信心和本性。我相信，在这次悲剧中，勇气是我们为纪念所爱之人所能给予的最伟大、最诚挚的荣耀。[24]

上述引言出自一位佛教领袖在 2007 年弗吉尼亚理工大学枪击事件之后的一场宗教会议演说。唯有勇气能够让我们视逆境为彼此团结、原谅、和解，以及寻得宁静和同理心的机会。而要召唤并获得这种共同体感觉，我们需要有勇气接纳并投入到与生俱来的博爱之中。

在第五章，我们介绍了博爱（或无私之爱）的定义：爱我们的邻舍，这样的爱不取决于所爱的对象是否具有可爱的特质。博爱是一种赠予之爱，它使得其他类型的爱（亲密之爱、友谊之爱、家庭之爱）成为可能，也让我们能够去爱本质上不可爱的人事物。博爱是不含恐惧的完美之爱，神秘、成熟、无私，全然投入于他人的福祉。博爱，既是对他人的关怀，植根于基督教精神，同时也被看作世界宗教的核心价值。[25] 博爱之爱既是目的，也是唯一的途径。面对我们在追寻意义时提出的问题，比如"我们要如何与这个充满无尽苦难又缺乏爱的生命和谐共处"，博爱就是这类问题的答案。博爱，或无条件的爱，是为了人类的幸福努力奋斗。博爱的行动简单来说就是爱邻舍，因为我们是被爱的。与生俱来的奋斗力这一核心概念表达的也是我们对无私之爱的深层渴望。用阿德勒心理学的术语来说，博爱意味着为实现共同体感觉付出的努力。

我们要如何才能认识到工作中的博爱呢？阿德勒将其称之为"社会兴趣"。[26]

表9.2 博爱 (无私之爱) 在人际关系中的的特质			
亲密关系	**婚姻**	**家庭**	**友谊**
爱	解放	独立	社会群体的命脉
自给自足	平等主义	个性	安全感
内在潜能	尊重	民主	敢于冒险
满足	施与受	放手，顺其自然	合作
丰盛	信心	开放	需求
自由	肯定	鼓励	平等
不偏袒	支持这个世界	选择与后果	无条件的
接纳	生产力	协作	真实性
包容	独立	面对挑战	参与
不评判	允许意见不一致		
鼓励	成长的空间		
给予者、行动者	参与		
不顾一切说"是"的态度	一起工作的关系		
充满希望			
创造力，活泼有趣			
成就感			
思想自由			

正如我们在前面的篇章里探讨的，博爱是个体心理学、儒家思想以及人本主义心理学最大的共通内涵。表9.2总结了博爱在亲密关系、婚姻和家庭关系中的主要特征。

博爱的特征是可以实现的吗？换句话说，可以经由训练得到吗？答案是肯定的。《圣经》中的博爱已经被认为是社会兴趣的重要模式。[27] 根据华兹的观点，以下经文涵盖的态度和行为元素体现了个体高度的社会兴趣及心理健康。这些元素包括：忍耐、恩慈且乐于助人、值得信任、谦卑、利他、无私和乐观。这些元素，虽然都是出于精神层面的特质，但如果把它们看作促进改变的条件，就可以转化为可操作的要素，以形成如表9.2所示的面对人际关系的态度。

爱是恒久忍耐，又有恩慈；爱是不嫉妒，爱是不自夸，不张狂。不做害羞的事，不求自己的益处。不轻易发怒，不计算人的恶。不喜欢不义，只喜欢真理。凡事包容，凡事相信，凡事盼望，凡事忍耐。爱是永不止息。[28]

从技能和态度的角度来看，博爱之爱和博爱的特性可以成为促进正向改变的积极因素。[29] 博爱的勇气在于采取行动，就"像"我们的想法、感受和行为可以发生改变，并促进自己与他人的成长和疗愈一样。[30] "像……一样行动"（acting as if）是一种选择——选择的是建设性的乐观。去行动，就像我们害怕的事情不会发生一样；就像有可能发生改变一样，我们会成长；就像未来已经在当下实现了一样，我们怀抱希望；就像美好的人生触手可及一样，我们的奋斗意义深远；就像我们被深爱着一样，如此我们便有了爱人的能力。

小结

本章通过检视个体心理学的精神性人生任务作为第一部分和第二部分的总结。我们首先从存在主义关于创造性力量和获得丰盛生命的意志的角度探讨了人类奋斗的精神基础。疗愈的勇气是个体蜕变的过程，关乎存在与归属的深层问题——受苦。疗愈即追求与自己、他人和宇宙之间的和谐关系。勇气需要和其他常见的精神态度相结合，比如智慧、同理心、喜悦、信心、接纳、感恩和希望，这些都是个体心理学已充分论述的态度。阿德勒提出的社会兴趣或共同体感觉与博爱有相似之处，具有跨文化的精神价值。在本章的最后，我们讨论了如何将博爱的精神特质转化为心理特性，用于促进正向改变。最终，当我们拥有了"像……一样行动"的勇气，便可体验到博爱之爱。

宁静祷文

上帝，请赐予我平静，去接受我无法改变的；

给予我勇气，去改变我能改变的；

赐予我智慧，分辨这两者的区别。

过好我的每一天，

享受你赐予的每一刻，

把困苦当成通往平安的道路；

接受这罪恶的世界，

按其现实本相，而非如我所愿；

相信你会使一切变得美好，

只要我顺服你的旨意。

如此，我必可以在此生有合宜的欢乐，

并在永生里，与你永享至福。[31]

第三部分

应用

第十章

激发勇气的艺术

我深信，人生就像一个普通的上学日。我们的所有经历都只不过是某种形式的课程，帮助我们为更大的命运做好准备。重要且唯一重要的是，我们如何处理这些问题。

——比尔·W[1]

心理健康意味着我们需要遵循与生俱来的社会兴趣，它为个体及群体的所有努力确立了一个理想的方向。个体心理学对社会关系中的人性有着深刻的洞见，也为我们在理解个人经历、主观感知、人生问题以及如何改变等方面提供了常识性的方法。

在本书的第三部分，我们力求回答这一问题：我们如何激发自己和他人的勇气及社会兴趣？更明确地说，我们如何创造性地激发健康的改变，从而鼓励个体基于共同体感觉发展自我价值感和共同目标感？以下是几个首要的概念和策略，适用于本书最后部分详述的 22 项激发勇气的工具。

勇气激发者

勇气激发者就是能在与自己及他人的关系中赋予勇气的人。[2] 勇气激发者可以是配偶或伴侣、父母或孩子、兄弟姐妹、老师或学生、朋友、领导者或被领导者，或是某个拥有共同体感觉且重视勇气的迫切性及价值的人。

没有特定的阿德勒式助人方式，勇气激发者也不必受限于某种既定的风格。个体的存在与他／她的人际关系之间有着密切的关联，这说明勇气激发者是一位抱持更多"是"的态度、更少"不"的态度（参见第六章）的温暖个体。作为一个完整的个体，他／她可以带着感受、敏锐的觉察和社会目标满怀信心地鼓励他人。勇气激发者重视关系的质量，并将改变看作一个关乎选择和后果的学习过程。在团体环境下，勇气激发者的特质呈现了阿德勒对团体咨询师的描述：坚定与自信、勇气与冒险、接纳、兴趣与关怀、示范与合作、适应性以及幽默感。[3] 此外，勇气激发者表现在想法、感受和行动中的态度和行为，也会反映出博爱之爱的一些特质（参见第九章表9.2）。勇气激发者不仅能体验到而且相信，社会兴趣和博爱是可以经由勇气的培养而被理解和教导的。

苏格拉底式提问法

为了理解个体的人生态度以及他／她如何应对社会生活问题，我们需要从一个主观性的面谈／提问过程入手。

阿德勒以使用"特别提问法"(The Question) [4] 而著称，比如他会问："如果这个症状或担忧消失了，你的人生会有什么不同？"特别提问法能让我们积极参与探究个体的洞见或生命故事。苏格拉底式提问能够帮助我们洞察那些引发人生问题的内在和外在因素。我们对这些问题的回应可能会揭示那些我们通过其他方式无法触及的深层渴望、恐惧或目标。

苏格拉底式对话是"尊重的启发式探究"(Respectful Curious Inquiry，简称 RCI) 流程的关键要素，我们会在许多工具中用到这一流程。[5]RCI 只使用开放式问题，而且对话是协作型的，双方一起努力以达成共同的理解。苏格拉底式提问者必须：

● 使用"谁""什么""哪里""什么时候"以及"如何""怎么"等词语，不要使用"为什么"。

● 确保讨论要聚焦。

● 确保讨论是为治疗负责的。

● 使用探索型问题激发讨论。

● 定期总结已经 / 尚未处理或解决的问题。

倾听苏格拉底式提问揭示的信息或回应时，激发者会通过对方的想法、感受和行动来寻找他 / 她的生活风格主题或模式。具体来说，我们会激发个体理解他们在叙述中呈现的个人优势、他们认为事情"理所应当的样子"，以及什么"像"(as if)是他们的梦想／需求／目标、问题、挑战及他们为了解决问题做出的有用努力和无用努力。下列 FLAVER 模型提出了六项技术，有助于增强我们与他人进行苏格拉底式对话时的相互了解。

F(Focus)：聚焦于对方想要什么，并确定彼此同意的对话目标。

L(Listen)：专注地、同理地、反映式地倾听。

A(Assess)：评估对方的优势、动机、复原力及社会兴趣。

V(Validate)：认可对方的资源和品质特性，鼓励对方成长。

E(Enjoy)：对社会生活中具有讽刺意味的方面，幽默应对。

R(Replace)：以适当的澄清、创造性直觉、富有想象力的同理心和猜测性的问题取代无效的信息收集(更具事实性的)。

当代阿德勒心理学者们已经发展出多种提问的方法，

可以创造性地引出个体在某个特定的人生任务或整体人生态度中的困扰。举例来说，"在人生的这个领域，有什么是你想要提升或改变的？"这个问题可以用于了解任一人生任务领域。[6] 表 10.1 列举了一些关于人生任务的苏格拉底式提问，激发者可以在一对一或团体情境中加以使用。

表 10.1	人生任务之苏格拉底式提问范例 [8]
人生任务	苏格拉底式提问
工作	在你的人生中，工作都包括哪些内容和日常活动？对你来说，工作的意义是什么？你如何与同事、主管及下属相处？你在工作中感觉到被欣赏了吗？
爱	你如何形容自己的亲密关系？你体会到与伴侣在情感上的亲密了吗？你在表达或接受爱与情感方面有困难吗？你如何描述男人与女人？你对自己作为男人或女人有什么看法？你对伴侣有什么抱怨？你的伴侣对你有什么抱怨？
友谊	你有哪些朋友？你在社会群体里的生活是怎样的？你通常在什么地方与朋友们见面？你会和他们一起做哪些活动？你和他们在一起时担任什么样的角色？他们如何形容你？交朋友对你来说容易吗？在成长过程中，谁是你最好的朋友？
与自我和谐相处	我是在成为自己能够成为的人吗？混乱如何成为创造力的先决条件？某一行动的失败如何成为新的学习资源？

	心理 / 社会的归属感： 换一种做事方式，比如通过齐心协力的合作方式，我可以创造什么现实？从现实自身的本质来看，如何理解和谐比竞争和斗争更重要？在工作中，是什么带给我最大的满足感？是什么带我领悟生命？我是如何影响他人生活的？我的工作如何让这个世界变得更美好？
与世界和谐相处	精神的归属感（信仰）： 你是否有过超越的体验，感觉与某样超越自我的东西建立了联结？那种体验是什么样的？是什么帮助你感受到了这种联结？你上一次感受到这种联结是什么时候？如果每天花上一点点时间与神或更高级的力量建立联结，对你来说，那会是什么样子？

鼓励的使用

理解个体在面对人生任务的挑战时如何调整、适应以及关注自身和他人福祉，有助于我们发现对方气馁和鼓励的来源。个体会根据自己是否具有勇气创造性地选择某一路径（见图 10.1）。一个人可能会错误地选择自我倾向 (ichgebundenheit, 自我束缚或自我兴趣) 的路径，也可能选择在朝向社会兴趣的路径上与自己和他人合作并有所贡献。[7] 自我束缚的个体，其社会生活的风格可以用被骄纵或被忽视来形容，也就是气馁（discouragement）的，唯有受到鼓励的个体方能以他人为导向。

　　无论是追求自我理想还是追寻方向错误的目标，每个人都会不时地经历打击或气馁。气馁是"对自己无法以建设性和合作的方式取得成功的一种态度、感受或信念，或是在尝试应对生活要求时体验到的失败或不胜任感"。[9] 气馁的青少年相信自己无法有效地应对生活，可能会基于错误的目标寻求归属感和价值感，进而产生反叛、破坏以及消极寻求关注的行为。气馁的个体会过度渴望寻求认可并取悦权威，他们认定自己只有比别人好才是有价值的。无论取得了什么样的成就或成功，寻求认可者始终都不会感到满足，他们因为容易受到气馁的影响而不堪一击。恐惧及其他形式的消极思维，比如"高期待／不切实际的标准、只关注错误、比较、消极诠释、借由过度负责来支配他人"，都会引发气馁。[10]

　　鼓励（encouragement）的词根是"勇气"（courage），因此鼓励可被定义为"激发个体的勇气，进而朝着积极的人生动向前进的过程"；从心理学的概念来看，鼓励是赋予勇气以增强个体"心理肌肉"的过程；从实际应用的角度来看，鼓励是一系列的技能，一个过程或结果；从精神内涵来看，鼓励是一种精神或态度，可以用于"启发、培育、激发、支持或注入勇气与信心"。[11]

通过鼓励，激发者可以赋予个体勇气和力量，使其能够正视自己的错误目标，进而看见新的方向并采取行动。通过鼓励，激发者帮助气馁的个体激活社会兴趣，并为生命创造意义和目的。在阿德勒心理学的著作中常常出现一句话：人类需要鼓励，就像植物需要水。倘若将社会兴趣看作健康身体的支柱，勇气就是肌肉，鼓励和气馁就像影响着生命动向的健康状况。

如果用于提升人际关系，鼓励就涉及一系列的技巧，以促进个体对社会生活的目标和风格以及行为变化进行恰当的自我评估。阿德勒心理学关于鼓励的概念和策略已经被广泛运用于教育、家庭、心理治疗和企业组织。鼓励也已经成为面向气馁个体的所有干预措施的核心。专业人士或非专业人士都可以使用鼓励来激发改变的勇气。

鼓励如何激发改变？在图 10.1 中，我们呈现了从阿德勒心理学著作中收集的人生态度的对比。[12] 受恐惧推动时，我们会走向自我兴趣，并在竞争和比较中要么过度补偿，要么补偿不足。这些自我保存机制给我们制造了气馁的感知、态度和行为，以及社会无用的、说"不"的人生态度 (见表格左列的描述)。与之相反，我们也可以带着勇

图10.1　生命动向和态度

气进行良好的补偿，以朝着社会兴趣的方向前进。也就是说，在合作和贡献中发展社会有用的、说"是"的人生态度，进而带来受到鼓励的感知、态度和行为（见表格右列的描述）。

图 10.1 罗列的态度是一个人基于早期家庭训练或学校经历形成的生活风格的表达。借由早期回忆的客观性面谈、生理/心理出生排行信息、家庭星座、白日梦或梦境、行为目标及人生任务评估，我们就可以了解到这些态度。[13]

我们的人生态度描绘出生命动向：是带着恐惧走向自我兴趣，还是带着勇气走向社会兴趣。鼓励即对气馁的个体赋予力量（给予勇气），使得他们能够改变生命动向，从"左列"转移至"右列"。

激发的过程

我们如何激发改变的勇气？个体心理学认为，改变就是从根本上认识到自我的错误信念或生活风格。改变的过程涉及帮助个体对自我的信念系统重新评估和重新定向。由于社会兴趣和幸福感相互关联，阿德勒心理学的改变理论是基于这样的假设：个体一旦理解了自己特定的生活风格和错误目标，他／她就能够获得重新定向的勇气，在努力克服所有人生任务中的生活问题的同时，朝着发展社会兴趣的方向前进。

为了有效激发改变，激发者必须知道激发过程的组成要素，在个体心理学的文献中，这些要素有时也被称为改变的过程或目标。[14] 在自始至终的鼓励中，激发者需要赢得个体的合作，并且和他／她一起工作，以建立并维持相互尊重的关系，参与生活风格评估流程（心理研究），通过心理揭示获得洞察，以新策略朝着新的人生目标调整方向并付诸行动（图10.2）。

关系

在关系要素中，激发者需要以相互尊重为基础，与寻求改变的个体建立有效的关系。这样的关系是在民主的氛

图10.2 激发改变的组成要素

围中发展而来的，需要呈现相互尊重、平等以及我们在第九章讨论的博爱的特性（见表9.2）。勇气激发者的存在、积极倾听和示范，能够传递耐心、无私、接纳、希望和正向关怀，为培养共同体感觉创造有利条件。[15]

以积极倾听和示范为特征，这样的关系能够向个体传递鼓励与支持，而这是所有其他激发要素都必需的。

心理研究

在心理研究要素中，激发者需要评估或收集信息，从而进一步了解个体早在童年时期就已形成并秉持的社会生活"规则"。心理研究技术往往包括研究个体生理和/或心理出生顺序的意义、家庭星座和早期回忆，还有梦境解析、生活风格评估，以及人格优势评估。

现在有很多心理测量工具可供心理健康专业人士使用，我们在第三部分总结的是一些可供勇气激发者使用或与他人分享的主观性和客观性的面谈技巧[16]，其目的是找出体现个体目标和"私人逻辑"的行为/想法/感受的主题或模式。

表 10.2 概括了阿德勒心理学的评估技术以及这些技术可以引出的影响人际关系的信息。

表 10.2　心理研究工具 [17]

评估	收集的信息
人生任务	个体处理人生问题的应对模式、日常生活中获得支持和出现障碍的地方（在团体情境下，还可以了解群体行为体现在个人生活其他方面的程度）。
早期回忆	关于危险、惩罚、弟弟妹妹出生、第一次上学、生病或死亡、某一次离家、做错事或兴趣爱好等方面的早期回忆；一个人关于自己、他人、生活和道德立场的信念；一个人在与他人的关系中或在社会群体中的位置；确定个体的应对模式和动机；识别个体的优势、资源、有偏差的想法或错误目标。
家庭星座 / 出生顺序	个体生活受到的重大影响、个体与父母 / 主要照料者的相处经历为他 / 她形成性别认同发挥的指引作用、父母 / 主要照料者对人生和社会的诠释。
梦境	表达了以下内容：生活风格、在清醒时刻由于理智和评判的影响而无法触及的情绪、警示、为某项引起焦虑的任务做准备、达成目标、解决问题、展望、害怕失去以及克服。

心理揭示

在心理揭示中，激发者的任务是提供反馈、面质和鼓励，其目标是协助个体从自我领悟走向自我实现。在目标揭示和苏格拉底式提问等技术的激发下，双方可以进一步了解个体的生活风格。激发者可以通过有根据的猜测（educated guesses）获取有用信息，并和对方确认以达到共同的理解。由于每个人应对生活的方式及追求完美的私人目标的动向都是独特的，猜测是最适合激发者使用的一种方法。"正确的猜测是掌握问题的第一步。"[18] 这种达成共识的相互理解正是心理揭示的目标。它也被看作收集心理研究的信息之后获得的一种洞察，可以进而激发有意义的行动。

重新定向

阿德勒学派认为，洞察还不足以带来行为上的改变，仅是通向终点的一个手段。个体还需要认识到自身的选择和行为，而重整和重新定向是有效激发的最重要目标。激发者教导／激发错误目标的重新定向，探讨替代选择，运用自然和逻辑后果，鼓励个体付诸行动。

在重新定向的过程中，个体心理学可以与其他应用模型协调工作，比如被广泛运用于健康领域的"改变阶段论"（也被称为人类有意识改变行为的"跨理论模型"）。[19] 该模型认为改变是一个不断发生、循序渐进的过程，包括以下六个阶段：

- **前预期阶段**（Precontemplation）：个体尚未意识到问题的存在，自然也没有改变的渴望。

- **预期阶段**（Contemplation）：个体开始意识到问题的存在，并打算采取行动。

- **决策阶段**（Determination）：有时也称为准备阶段（Preparation），个体准备采取行动，也可能已经朝着改变进行了一些尝试。

- **行动阶段**（Action）：个体采取行动以克服问题。这样的行动是非常明显的行为变化，并且需要投入大量时间和精力。

- **维持阶段**（Maintenance）：个体为了防止复发而努力，并巩固自己在行动阶段的收获。

- **复发阶段**（Relapse）：原先的行为有可能在行动或维持阶段复发。一旦复发，个体可以再次回到前预期阶段、预期阶段或决策阶段。

无论是尝试改变的人，还是协助个体经历改变过程的人，都可以通过改变阶段论认识到改变是如何发生的。理解这一理论的绝对关键是，改变依次发生在每一个阶段，也就是说，如果一个人正处于"预期阶段"，那他／她接下来只能向"决策阶段"前进。倘若试图直接跳至"行动阶段"或"维持阶段"，复发便是预料之中的事。在度过某一特定的阶段之后，就可以发展至下一阶段。由此可见，在重新定向的过程中激发改变的勇气，意味着要培养耐心、坚持，以及通过建设性方式运用复发的勇气。

激发勇气的工具

在第三部分，我们以第一、二部分的理论概念为基础发展了 22 项工具。通过自身在个体心理学中的专业见解和实践经验，许多阿德勒心理学的学者对这些工具贡献良多。[20] 虽然所有工具都可用于优势评估，但使用者们会发现，许多阿德勒心理学的技术，比如苏格拉底式提问、早期回忆、家庭星座和生活风格评估，也都融入这些工具里。这些工具包括：

◎工具 1：对话指南：苏格拉底式提问

◎工具 2：态度修正

◎工具 3：出生顺序

◎工具 4：在和谐中改变

◎工具 5：品质特性：定向反映

◎工具 6：建设性的矛盾情绪

◎工具 7：勇气评估

◎工具 8：亲师咨询

◎工具 9：E-5 团体面谈指南

◎工具 10：鼓励（激发勇气）

◎工具 11：工作环境中的家庭星座

◎工具 12：目标揭示："有没有可能"

◎工具 13：家庭首页

◎工具 14：希望是一种选择

◎工具 15：储备：7-11

◎工具 16：生活风格面谈：新版本

◎工具 17：迷失或被困？

◎工具 18：最难忘的记忆

◎工具 19：收集早期回忆

◎工具 20：只相信动向

◎工具 21：向上／向下／并肩前行：平等的关系

◎工具 22：一路向前

　　每项工具都以简要的原理开始，接着阐述目的，从而将活动与理论概念及实际应用联系起来。每项工具也都包含某些阿德勒心理学的技术，并列有循序渐进的使用说明；有些工具还附有补充的工作表和表格（篇幅较长的表格会放在附录里）。若想更多地了解关于某个特定工具的概念或技术，可以参考推荐阅读的书刊或本书的相关章节。在一些工具的最后，我们还会提供对话脚本，以展示该工具的应用。

我们在第二部分解释过，所有人生任务都是密不可分的，因而对一个人心理模式的了解，需要凭借多个层面的方法。我们认为，这些工具可以用于希望寻求自我理解或改变的个体关心的任一或所有人生任务。大多数工具皆适用于成人和儿童，但有些工具可能更适用于某一年龄段，使用者可自行斟酌。我们已经在美国、欧洲和亚洲测试过大部分工具，希望它们对个体和家庭都具有跨文化的适用性。

这些工具适用于一对一面谈 / 对话、小型团体以及班级教室情境。我们希望这些工具也可以用作培训、咨询和专业演示的补充资源。我们强烈建议使用者先阅读构成这些工具理论根基的相关章节。在与他人使用这些工具之前，激发者若能自己先行实践，会大有助益。

◎工具 1：对话指南：苏格拉底式提问
原理：

阿德勒被称为"自助之父"。他相信即使没有专业人士的支持，我们也可以获得帮助。毕竟个体心理学是一种常识心理学。在不同类型的关系中，人与人之间富有鼓励性和洞察力的对话都可以发挥治疗作用，并激发正向改变。苏格拉底式提问技术广泛应用于个体心理学。提问法让我们可以积极参与探究个体的洞见或生命故事。苏格拉底式提问能够帮助我们洞察那些引发人生问题的内在和外在因素。我们对这些问题的回应可能会揭示我们通过其他方式无法触及的深层渴望、恐惧或目标。

目的:

1. 使用"谁""什么""哪里""什么时候""如何""怎么"等词语展示苏格拉底式提问技巧,切勿使用"为什么"。

2. 双方经由聚焦的、激发性的以及为治疗负责的讨论,努力促进共同的理解,展示如何在合作的氛围中使用苏格拉底式提问。

推荐阅读:

• 本书第十章

• Stein, H. T. (1991). *Adler and Socrates: Similarities and Differences. Individual Psychology,* 47(2), 241-246.[1]

---

1 直译为《阿德勒与苏格拉底:相似与不同》,发表于《个体心理学》期刊。——译者注

使用说明:

A. 提问:

• 你感觉如何?

B. 选择:

• 是什么让你做出那样的结论?

• 在那么多的可能性中，是什么让你认为／决定 _____?

• 是什么引发了你的反应／关注／兴趣?

C. 感受:

• 当你想到那个情形时，你会生气、伤心、高兴、害怕，还是几种感受的组合?

• 当你感受到____时，那种感觉是什么样子的?

• 你会在身体的哪个部位体验到这种感受?

D. 捕捉:

• 就像一幅图画或照片，那一时刻的哪个部分令你印象最深刻?

E. 联系:

• 现在，那件事让你联想到了什么?

• 那件事在你现在的生活中发挥着什么影响吗?

F. 决定:

• 你能回忆起自己在那件事情发生时做了什么决定吗?

- 你记得当时自己有什么想法吗？

- 是什么让你做出了那样的结论？

G. 矛盾：

- 假设你当时那么做了，会发生什么？（或者，如果你那么做，会发生什么？）

- 如果你当时没有那么做，会发生什么？（或者，如果你不做那件事，会发生什么？）

- 我会看到什么？

- 你能告诉我更多细节吗？

- 你可以给我举一个例子吗？

- 那看起来可能会是什么样的？

H. 目标设定：

- 你原本希望我今天怎么帮助你？

- 现在你希望我今天在这里怎么帮助你？

- 今天我们谈论的这一切，对你有什么帮助吗？

I. 奇迹问句：

- 如果我拥有魔法，可以如你所愿改变任何事情，你会希望事情有什么不同？

J. 名字：

- 你知道自己的名字到底是怎么来的吗？（如果不知道，可以编一个答案。）

- 你知道它代表的含义吗? <small>(如果不知道，可以编一个答案。)</small>

- 对自己的名字，什么是你喜欢 <small>(不喜欢)</small> 的?

- 如果改名的话，你会把它改成什么?

K. 职业生涯：

- 你曾经做过哪些工作?

- 你的第一份有稳定收入的工作是什么?

- 你曾经做过哪些事情?

- 其中你喜欢 <small>(不喜欢)</small> 的地方是什么?

L. 个人的鼓励者：

- 在你的成长过程中，有没有一个信任你的人?

- 谁是鼓励过你的那个人?

- 他们是怎么做的? 你是如何知道的?

M. 在所有的……当中：

- 在你知道的所有＿＿＿当中，你更喜欢哪一个?

- 它吸引你的地方是什么?

N. 在听的时候：

- 当你听这些故事的时候，要尽可能始终使用讲述者
传达的隐喻。

- 从对方身上找到 5～6 项资源或优势。

- 使用索引卡记录这些资源或优势。

- 在对方离开之前，和他／她分享这张卡片。

O. 优势对话脚本：

• 当我们交谈的时候，我会做这些事。我会开始列一份清单……在听你说话的时候，我会留意你的资源和优势（或者你已经做得很好的地方）。我会一边听一边列出你现在或未来遇到挑战时可以派上用场的特质，也许是和学习相关的，又或者是在家庭或朋友方面的……所以，我们可以先简单聊聊天吗？（留出时间等待对方的回应。）

• 在今天结束之前，如果你需要的话，我可以给你一份清单的副本。你愿意帮我记住这件事吗？（留出时间等待对方的回应。）

◎工具2：态度修正

原理：

所谓态度，就是我们行为表现的某种特定倾向。积极的态度自然不成问题，但是我们从童年时期就开始形成并持有一种自我怀疑的消极态度。这种态度会影响我们的判断力。

具体来说，在追求重要性或试图应对感知到的失败威胁时，我们会紧紧抓住自我保护的策略或态度。阿德勒学派的"态度修正"技术可以帮助我们以正向积极的态度取代负向消极的态度。

目的：

1. 区分"态度修正"与"行为矫正"。

2. 识别个体的负向消极态度或自我保护策略。

3. 发现并说出个体的成功之处，并与正向积极的态度建立关联。

4. 将正向积极的态度用于面对人生挑战。

推荐阅读：

• 本书第八章

• Losoncy, L. E. (2000). *Turning people on: How to be an encouraging person.* Sanford, FL: InSync Communications LLC and InSync Press.[2]

使用说明：

A. 传统心理学相信，人类行为是针对外在环境刺激的习得反应，行为 = 刺激→反应 (B=S→R)。但是，个体心理学认为，个体的选择、创造性努力、目标以及梦想会在环境输入与最终输出之间发挥作用，行为 = 刺激→个体→反应 (B=S→YOU→R)。个体心理学相信[21]：

---

2 直译为《点亮他人：如何成为善于鼓励的人》。——译者注

- 在为令人振奋的目标努力时，个体的工作效率会大大提升 _(行为目的论)。

- 个体的内驱力 _(内在动机) 比他人施加的推力 _(外在动机) 更具激励作用。

- 若能基于自身的独特优势、天赋、兴趣和可能性向前发展 _(优势强化)，一个人就能发挥最佳效能。

- 人类渴望归属，也渴望为更大的共同体做贡献。

- 在重视合作和协作而非竞争的环境里，个体更能受到激励。

- 一个人若能获得整体性的成长，就能全然地投入人际关系。

B. 除非态度改变，否则行为不可能改变。负向消极的态度与个体为了避免想象中的失败而使用的借口直接相关。识别你的某些自我保护策略，比如抑郁、保持距离、责怪自己或他人、内疚、假定最糟糕的结果、批评、犹豫不决、疏离、通过旁门左道绕道而行、自我拔高，以及怀有敌意。

C. 选择一两个你已经成功处理的生活情境。向某人或自己述说自己的成功，发现并说出其中正向积极的元素 _(使用附录中的表 A10.1)。重要的是，你需要在内心中识别这些感受，从而用这些正向积极的态度取代以前的自我怀疑。

D. 选择某些现在依然棘手的人生挑战，使用公式 $B=S \rightarrow R$ 检视一下，你是否已经从以前阻止你采用新态度的障碍中形成了恐惧心理或消极的思维习惯。现在，使用公式 $B=S \rightarrow YOU \rightarrow R$ 进入新的体验过程。你愿意做出什么选择从而为改变创造条件？某一天，如果你可以成功处理同样的挑战，你的最佳状态可能是什么样的？你可以运用步骤 C 中的哪些资源迎接新的挑战？

◎工具 3：出生顺序

原理：

每个孩子在出生时的家庭位置都影响着他／她与家人的互动行为，以及他／她今后面对人生任务、人生目标和生活风格的独特态度。这些特性的发展通常基于孩子克服自卑感的创造性努力，以及父母、手足和其他人做出的"对孩子早期生活的决定和行为有着重大影响的回应"。将一个人的生理和心理出生顺序加以比较，我们会得到关于这个人，以及他／她在家庭、工作或社会群体中的人际关系的切实可行的信息。

目的：

1. 研究个体的生理和心理出生顺序。

2.结合家庭星座信息，对个体的生活风格进行评估。

3.在团体或家庭教育情境中运用目的 1 和目的 2。

推荐阅读：

● 本书第六章

● Eckstein, D., & Kern, R. (2002). *Psychological fingerprints: Lifestyle assessment and interventions* (5th ed.). Dubuque, IA: Kendall/Hunt.[3]

使用说明：

A. 使用下列问题收集个体的出生顺序信息：

● 在成长过程中，你都有哪些家庭成员？

● 你认为自己在家里是老大、老二、中间、老幺，还是独生子女？

● 作为家中排行_____的孩子，你喜欢这个位置的什么？

● 参考本书中瑞秋的案例，画一张你的家庭星座图（第六章图 6.1）。

B. 为了协助个体决定心理出生顺序，收集更多关于

3　直译为《心理指纹：生活风格评估和干预》。——译者注

早期经历的洞察，包括性别、儿时兄弟姐妹的疾病 / 残障情况、失去的孩子 (流产或夭折)、生活在一起的大家庭、离婚、再婚、领养、手足之间的年龄差距、手足竞争、重组家庭，以及成人的养育态度。

C. 针对个体对自己和他人的一般态度做一些猜测，让对方有机会同意或纠正你对他 / 她的描述。

D. 在团体情境中：

● 将成员按照出生顺序分成小组 (排行老大、中间、老幺及独生子女)，请他们分享自己在所处位置成长的经历。

● 请成员们按照出生顺序描述 / 刻画他们的兄弟姐妹。

● 请排行老大的成员对他人的描述进行补充。

E. 在家庭教育情境中，邀请父母们分享自己的成长经历，以及他们对孩子的观察。

◎工具 4：在和谐中改变

原理：

和谐是体现在诸多文化中的一种社会 / 精神理想，在个体心理学里也不例外。东方思想认为，生命的统一在于相信天下万物皆是由阴阳这两种相互矛盾的能量构成的整体。和谐，即顺应变化向前发展，遵循两极能量互补、互生、相互转化和运行不息的本质。个体心理学结合了这一价值体系，认为人类只是整体的一部分，我们最终的生存保护和供给并不来自竞争或比较，而在于我们与他人、社会、自然和宇宙相互关联时的合作与贡献。

目的：

1. 将个体的发展看作生命的动向（从不足感到自我实现），遵循道家 / 自然主义的世界观提倡的循环和交互方式。

2. 认识到个体心理学如何与不同的价值体系协同运作，进而促进个体对和谐这一心理健康理想状态的理解和培养。

推荐阅读：

• 本书第一、七、八、九章

• Carlson, J., Kurato, W. T., Ng, K., Ruiz, E., & Yang, J. (2004). A multicultural discussion about personality development. *The Family Journal,* 12, 111-121.[4]

使用说明：

A. 熟悉图 10.3 中的八个人生方向（该模型基础取自道家《易

4　直译为《关于人格发展的多元文化讨论》，发表于《家庭杂志》。——译者注

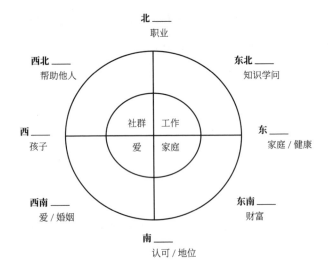

图10.3 平衡改变的八个方向

经》中的八卦)。这八个方向代表的是我们回应宇宙时的能量运用。说出你自己的几个人生目标（例如工作／教育、爱、家庭和社会群体）。

B. 将自己放在连接圆圈相对两端的每一根直线上。你现在的生活正朝着哪些方向发展？你的圆圈是各个方面向外发展至一个更大的新圆圈吗？又或者，你的圆圈是倾斜的、停滞不前的？

C. 根据中国传统文化的观点，运用阴阳之力的和谐平衡，可以最好地实现两极化人生目标的相互关联。阴阳通常体现在互生互补的一对概念中。根据图10.3和表10.3记录你的人生目标和方向。检视你的能量运用是否平衡，问问自己是否需要更多"阴"或"阳"的态度。举例来说，西北方向（社会群体服务）需要个体使用非常多的"阳"能量去付出和服务。为了取得平衡，这个人就需要获得西南方向（确保个体植根于家庭生活）所代表的接受与放松的人生态度。

表10.3　人生目标、改变方向和平衡

你的人生目标（如图10.3所示）	改变方向	平衡是/否	阴阳两极相对态度的组合示例
	☲（南）☵（北）		男性特征—女性特征
	☳（东）☱（西）		日（太阳）—夜（月亮）
	☷（西南）		正—负
	☶（东北）		聪明—智慧
			力量—忍耐
			建设—指导
	☴（东南）		给予—接受
	☰（西北）		爱—被爱
			发展—保存
			知识—神秘

注：实线表示阳性能量，虚线表示阴性能量。要取得阴阳能量的平衡，个体需要在想法、感受和行为方面运用与自己的人生方向相对的态度。

　　D. 和谐来自我们对生命中阴阳两极调和的参与，成

为宇宙运动的一部分。若要体验到更多和谐，你在人生的哪些领域可以更多地运用"阴"的智慧？又有哪些领域需要"阳"的力量？

E. 就个体心理学而言，个体面对当前人生问题的唯一解决之道就是发展合作的勇气。另一方面，为了实现社会进化，我们还必须拥有贡献的勇气——在努力克服不足和追求完美的同时也为他人福祉考虑的意愿。若以阴阳的世界观看待合作和贡献，你可以采取什么样的行动计划，以朝着更健康的社会生活前进？

◎工具 5：品质特性：定向反映

原理：

品质与自我尊重的概念有关。根据阿德勒的观点，自我尊重是"即便会犯错且不完美，依然感觉自己是有价值的个体"。我们每天都有机会向遇到的个体反映他们潜在的品质要素，从而强化他们正在做出的人生选择。定向反映这一工具可以让勇气激发者看到"无论客观条件如何，个体都已经尽力做到自己的最好"，同时也能够给予对方肯定。

目的：

1.使用定向反映这一技术，激发并支持个体发展品质。

2. 练习使用附录表格 A10.2 中的 36 项品质特性或要素。我们可以将这些特质或品质直接反映给个体，以作为对他 / 她的"成功"故事的回应。

推荐阅读：

• 本书第八章

使用说明：

A. 当你从个体讲述的成功故事中听到了潜藏的特质或品质时，冒险进行有根据的猜测。

B. 尝试"听见"下列回应并注意其中的区别：

• 对那件事，你感觉怎么样？

• 对那件事最后的结果，你一定感觉很好。

• 当你认识到自己有能力独立处理问题，真的会发自内心感觉很好。

C. 当品质浮现出来的时候"抓住"它们：在个体讲述故事的过程中，利用恰当的时机真诚地对他们的叙述做出回应，并根据表 A10.2 中的 36 项品质要素为对方提供定向反映。

D. 倘若个体没有立刻想到任何成功的经历，通过以下陈述或问题展开互动：和我聊一聊你的某一次胜利或成功。和我聊一聊，你最近完成了什么事情？你有没有做过一些自己以前从未做过的事情？你曾经尝试过什么积极的冒险吗？然后，进入倾听状态并聚焦于品质要素。如果对方的第一回应没有什么实质信息，你可以做出的恰当回应是：你对那件事感觉如何？

对话范例：

在这个例子里，一位女孩讲述了一个容易被看作消极成功的经历。然而，即便在失去一段感情的伤感背后，我们也有机会发现并定向反映潜在的积极品质要素，因为正是这些要素支持她结束了这段关系。

女孩：昨天晚上，我最终还是和我的男朋友分手了。你知道的，他经常伤害我。

成人：虽然此刻可能很受伤，但是听起来你对自己的决定很有信心。【信心】

女孩：我害怕了挺长时间，但还是下定了决心，现在终于结束了。

成人：所以说，你克服了自己的恐惧，并且向前迈了一大步。【不受恐惧和焦虑所困】

女孩：确实，尤其对我来说，因为我不喜欢惹麻烦。

成人： 如果可以的话，你愿意尽可能维持和平。不过现在你知道自己还可以像这样掌控局面！【力量和掌控】

女孩： 我值得更好的，他总是贬低我，骂我笨。

成人： 你的价值和重要性远比他看到的高。【平等】

女孩： 哦！当然！

成人： 而且现在你感觉自己完全可以处理这件事了。【独立】

女孩： 是啊。他还想弥补，但我已经不感兴趣了。

◎工具6：建设性的矛盾情绪

原理：

我们当前的问题往往是受到更重要的因素或人格模式的影响。通常情况下，矛盾情绪都藏在特定问题的核心位置，而且会制造痛苦。动机性面谈（motivational interviewing）技术有助于我们检视并化解矛盾情绪，从而激发自我肯定的勇气。聚焦个体且直接有力的方法能够鼓励个体的"自由思想"，同时减少"要么……要么……""是，但是"或者三心二意的思维方式。

目的：

1.通过聚焦个体、直接有力的方法检视并化解矛盾情绪。

2. 激发身处矛盾情绪的个体采用"是"的态度积极向前。

推荐阅读：

• 本书第一章和第八章

• Rollnick, S., & Miller, W. R. (1995). *What is motivational interviewing? Behavioral and Cognitive Psychotherapy*, 23, 325-334.[5]

使用说明：

A. 了解对方的参考框架，表达接纳和肯定，通过聚焦个体的方式建立亲近和信任。

B. 通过反映式倾听，鼓励对方明确说出矛盾情绪的实质。

C. 协助对方清晰地理解支持改变的论点。

D. 咨询师可以直接帮助个体检视并化解矛盾情绪。

对话范例：

罗伯特，23 岁，是一名美国海军陆战队士兵。他应

5　直译为《什么是动机性面谈？》，发表于《行为和认知心理治疗》期刊。——译者注

父母的要求前来咨询，他的父母很担心他的酗酒问题。罗伯特承认自己偶尔会过度饮酒，他说自己一次会喝8至10瓶，但他也强调这种情况并不常见 (一个月只有几次)。他还说，他和组员们关系很近 (另外8名海军陆战队士兵)，他们什么事情都一起做——比家人还亲。罗伯特已经完成了两次作战任务，很快就要决定是否离开海军陆战队。这个决定让他感受到了沉重的压力。

马　克：非常感谢你今天来到这里。你想要聊些什么呢？

罗伯特：嗯，我的父母认为我有酗酒问题，所以我答应他们来和你说一说喝酒的事。

马　克：你想要聊一聊喝酒的事情。

罗伯特：是，有时候我会喝多，比如一扎6瓶装的酒，我一晚上会喝一扎或两扎。我不经常这样，但上周，我在周六下午和晚上一共喝了18瓶啤酒。

马　克：18瓶啤酒。

罗伯特：是，太多了，但是因为我要做一个重大的决定，我已经烦透了。我想要逃避，而我似乎也确实逃避了。

马　克：重大的决定。

罗伯特：是，我正在休假，等我回到基地的时候，海军陆战队就要知道我到底去还是留。我已经做出了决定，但是太难了。我爱海军陆战队，海军陆战队让我成为一个真正的男人。我也爱那些战友，我和他们中的几个曾经并肩作战过两次，我们也曾一起看过或做过一些别人无从知道的事情。虽然可怕，但是我们始终都在彼此身边，互相支持。现在我却决定离开，虽然我感觉这个决定是对的，但是它在撕扯我的内心。这就像是抛弃了自己的家人一样。可是，我也没法想象自己再次回到战场上。我并不是害怕，我可以为了我的组员们去死，但这不是一回事。战争太混乱了。总有人被误杀，甚至是无辜的民众，可是没有人在意。每个人都在履行自己的任务，却不知道任务到底是什么，因为一天一个样。丑陋、混乱，好人一个个死去。我不想再成为这些混乱的一部分，而现在到了选择的时候，我也做出了自己的选择，可它却是如此艰难。我知道这样做是对的，可我对长官和组员们开不了口。我不想说。

马　克：那么让我看看我的理解是否准确。你在海军陆战队的时间即将结束，虽然你很爱海军陆战队，尤其是你的组员们，但你也知道自己需要离开，你最为确定的是自己不想再面对战争的混乱了——太多无辜的人在战争中死去——你知道这个决定是对的，但是想到要把这个决定告诉你在海军陆战队的家人，这让你感觉撕心裂肺。

罗伯特：对，撕心裂肺。

马　克：再和我说一说，你如何感觉到这个决定是对的？

罗伯特：我离家参加新兵训练营的时候还是个孩子，对人生一无所知。现在，四年过去了，我知道自己想要活着，想要一种不同的生活。以前我从没考虑过上大学，以为大学不过是更高一级的高中，但是现在我想成为一个受过教育的人。学习让我感到兴奋。我想趁着自己还年轻的时候尽可能多学些知识，从而让自己成为一个更好的人，一个更完整的人。在伊拉克的时候，我和我的朋友们都是一样的，我们因为没有更好的选择而加入了海军陆战队。现在我有很多更好的事情可以做。

马　克：听起来你感觉自己已经在海军陆战队长大了，你很期待迎接新生活，也对上学感到兴奋。

罗伯特：是的！非常兴奋。

马　克：但是接下来还有你的长官和战友……

罗伯特：我知道。我爱他们，离开肯定很困难。我们如此亲近，我不可能再和其他任何群体建立起这么亲近的关系了。我会非常非常想念他们。

马　克：听起来你非常清楚自己想要什么，所以我想知道真正的问题是什么？

罗伯特：什么意思？

马　克：听得出来，你对新的人生很兴奋，也有自己的计划，但是我看到你还在和这个决定斗争，而且通过大量饮酒来逃避这个决定带来的压力，所以，这一切对你来说意味着什么？

罗伯特：意味着这是一个棘手的决定，而且在某种意义上，我觉得自己很自私，辜负了海军陆战队。他们培养了我，我现在却抛弃了他们。

马　克：听起来，"不让别人失望"这一点对你来说真的很重要。

罗伯特：我想是的。

马　克：甚至别人的想法也会影响到你的行为。

罗伯特：是，我想我的行为经常是为了取悦别人。

马　克：关于这一点，你怎么看？

罗伯特：我从来都不想让别人对我失望。

马　克：那么让自己失望呢？

罗伯特：我经常这样。

马　克：所以，在我看来，离开海军陆战队的决定是取悦自己，但是没有取悦别人，这才是问题所在。

罗伯特： 是，我想你是对的。

马　克： 所以，对你来说哪个更重要？去做自己在理智和情感上都确定对的事情，还是去做其他人想让你做的事情？

罗伯特： 我想这个问题非常简单。

马　克： 看起来确实如此。

◎工具7：勇气评估

原理：

勇气与很多品质有关，让我们能够评估风险、掌握技能，并解决问题。当恐惧出现时，真正的勇气意味着对情形进行谨慎的评估，同时也要结合个人的同情心和信心。个体展现的行为和感知到的信心都是补偿或奋斗的体现，社会有用性和平衡感是衡量补偿好坏的标准。

在阿德勒看来，勇气是真正合作的先决条件，我们由此得以从适应的无用面走向有用面，正视人生任务，敢于犯错，并获得归属感。反之，缺少勇气会引发自卑感、悲观、逃避和不当行为。

目的：

1. 从过度补偿或补偿不足方面，了解个体对自己和他人的态度。

2. 从分离性情绪和连接性情绪方面，了解个体的恐惧。

3. 从个体对自己和他人的信心和社会有用性的态度方面，评估他 / 她的勇气水平。

推荐阅读：

• 本书第一、七、十章

使用说明：

A. 倾听个体分享自己应对人生挑战 / 问题的方式或行动计划时，评估对方是否在依赖糟糕的补偿，即在某个或所有人生任务中有过度补偿或补偿不足的倾向。良好的补偿是选择参与对社会有益的活动，从而将我们感知到的缺陷转化为资产，比如社会责任感、更紧密的人际关系、接受并克服困难，以及社会勇气。

B. 收集更多关于个体如何体验分离性或连接性情绪的信息。

C. 在自我兴趣（社会无用性）或社会兴趣（社会有用性）方面，猜测个体对自己和他人的态度。

D. 使用表 10.4 对个体应对工作、爱、友谊 / 家庭 /

社会群体的人生态度进行整体评估，猜测他 / 她的勇气和信心水平（参见图 10.1 对社会无用和有用的态度）。

表 10.4　勇气的不同方面		
勇气的不同方面	**恐惧**（分离性情绪，对社会无用的态度）	
	自己	**他人**
认知 / 评估性的态度 过度补偿		
补偿不足		
以实践智慧取得平衡	**信心**（连接性情绪，对社会有用的态度）	
	自己	**他人**

注："分离性情绪"的例子包括：伤心、被拒绝、失望、闷闷不乐、懒惰、充满敌意、抑郁、紧张、忧郁、恐惧、胆怯、憎恨、恶意、冷漠、焦虑、抗拒、麻木、嫉妒、羡慕。
"连接性情绪"的例子包括：爱、钦佩、喜欢、满怀希望、幸福、满意、高兴、充满热情、感兴趣、好奇、自信、靠近、接纳、感恩。

◎工具 8：亲师咨询

原理：

对父母和老师来说，在家庭和学校与行为不当的孩子们共同解决问题，这一任务是可行的。带着真诚和相互尊重勇敢地面对并解决冲突，会为所有人带来一个愉快的结果。父母和老师可以向儿童和青少年做出示范，并与之建立平等的关系。问题正是父母和老师与孩子一起寻找解决方案的机会，这个过程会对孩子的发展和人际关系产生长远的影响。

目的：

1. 为在家庭或学校里遇到与孩子相关的问题的父母和老师提供逐步进行的对话脚本。

2. 当事情进展不顺利时，为父母和老师提供实用技巧作为支持（比如目标揭示和鼓励）。

推荐阅读：

• Dinkmeyer, D., Jr., & Carlson, J. (2001). *Consultation: Creating School-based interventions* (2nd ed.). Philadelphia: Taylor & Francis.[6]

• Dreikurs, R., Grunwald, B. B., & Pepper, F. C. (1982). *Maintaining sanity in the classroom* (2nd ed.). New York: Harper & Row.[7]

•《孩子：挑战》，作者：鲁道夫·德雷克斯、薇姬·索尔兹，天地出版社，2020 年 11 月。[8]

6　直译为《咨询：学校的干预》。——译者注

7　直译为《保持教室里的精神健康》。——译者注

8　原书名 Children: the Challenge，出版于 1964 年。——译者注

• Grunwald, B. B., & McAbee, H. V. (1985). *Guiding the family: Practical counseling techniques.* Muncie, IN: Accelerated Development Inc.[9]

使用说明：

A. 建立基调：

花一些时间建立平等而融洽的关系。必要的话，可以讨论隐私和保密议题。先确认这是一个教育的过程，而非寻求伤害或责备的活动。在开放和坦诚的意见交换中寻找解决方案。务必要了解，对父母或老师来说，这到底是一个什么样的问题。

B. 描述具体问题：

• 你可以给我举一个孩子困扰到你的具体例子吗？或许是昨天发生的某件事情。

• 这个学生具体说了什么、做了什么？假如我在一旁观察，我会看到什么？

• 之后发生了什么？

• 在事情发生的过程中，你的感受是什么？是生气、伤心、高兴、害怕，还是几种感受的组合？

---

9 直译为《家庭指南：实用咨询技巧》。——译者注

• 后来发生了什么？他／她后来又说了什么、做了什么？

C. 了解第二个例子。 (见步骤 B)

D. 处理模式：

教室里的版本：

• 在教室里会有一些特定的事情发生。如果我们能聊一聊这些事情，我就可以对 XX (学生姓名) 获得更多的认识。

• 请告诉我早晨的例行情况。这个学生每天早晨进教室的时候是什么样的？

• 和我说一说，这个学生在班级里如何面对责任？他／她有自己的工作要承担吗？他／她处理得如何？

• 这个学生在餐厅的行为是什么样的？在操场上呢？

• 在需要做作业的时候，这个学生是如何使用时间的？

• 这个学生如何与其他孩子相处？

• 到了放学时间，会发生什么？

家庭里的版本：

• 在家庭生活中，几乎每天都会出现一些典型的挑战。

• 请告诉我早晨的惯例一般是什么。

- 在家里，家务和家庭责任通常是怎么分配的？

- 用餐时间一般是几点？

- 请描述一下这个孩子如何完成功课。

- 这个孩子如何与兄弟姐妹相处？

- 睡觉时间会发生什么？（或者，这个孩子会准时回家吗？这方面会有什么样的事情发生？）

E. 聚焦于父母/老师：

暂时把孩子的行为挑战放一边，使用"储备：7-11"（工具15）聚焦父母与老师的优势和个人理想，并运用"品质特性：定向反映"（工具5）。观察父母与老师关于家庭和学校的价值观，以及在和孩子一起化解冲突时，是否过度使用了自己的优势，又或者使用不足。参考"最难忘的记忆"（工具18）获得更多选择。

F. 识别不当行为的目标：（如有必要）

与父母和老师分享目标揭示工具，邀请他们猜测孩子的不当行为指向的目标。和他们一起练习如何与孩子进行"目标揭示：'有没有可能'"（工具12）。

G. 发展尝试性的解决方案：

一次聚焦一个问题，提供具体可行的解决方案。提醒父母或老师，努力追求进步而非完美。不要命令对方如何做。你可以使用这些问句：你有没有考虑过……？如果你……会发生什么？你愿意考虑……吗？

H. 回顾：

今天的谈话对你有用或者有帮助的是什么？

◎工具 9：E-5 团体面谈指南

原理：

人类是社会性的存在，能自我决定，并且有创造力，所有行为的目的都是获得社会归属感。个体会选择使用、不充分使用或过度使用自己的资产、优势、资源和创造力。要实现从"感觉上的减号"向"感知上的加号"发展，最佳途径在于社会平等感，并结合同理心、鼓励和教育。而要理解自己和他人，至少有六条通道：早期记忆、家庭星座、儿时的挑战、白日梦和梦境、童年的生活变化，以及人生故事。

目的：

1. 通过识别并有效运用个人资源、优势、贡献和联结来赋能（empower）自己和他人。

2. 在以平等（equality）、同理心（empathy）、鼓励（encouragement）和教育（education）为核心的氛围中，最大限度地发展个体迎接挑战的勇气。

推荐阅读：

• 本书第六、八、十章

使用说明：

遵循以下流程脚本：

[ ]：表示可以从第二次团体面谈开始使用，直到倒数第二次。

{ }：表示可以在最后一次面谈中使用。

A. 欢迎和介绍：

"欢迎前来加入 E-5 团体。"

"请告诉大家你的名字，以及你来到这里的原因。"

["请再次提醒我们你的名字，以及你对这个团体的期待。"]

{"欢迎参加 E-5 团体的最后一次活动，并和大家一起庆祝。"}

B. 目的：

"这个团体的目的，是通过实践平等、同理、鼓励和教育，发现优势、能力和创造力，进而为自己和他人赋能。"

{"大家对这一切感觉如何？"（花一些时间让团体中的每一位成员都有机会回应。）}

C. 指导方针：

• E-5 团体的指导方针基于 5R 原则：尊重 (respect)、惯例 (routine)、规则 (rules)、权利 (rights) 和责任 (responsibilities)。

• 尊重他人和自己，即在和善与坚定并行的互动中确保平等。

• 惯例可以确保一致性和可预测性，进而提升创造力。

• 规则为预期的行为、沟通和保密性提供具体的指引。

• 权利包括带着同理心倾听以及不打断他人讲话。

• 对自己、他人和环境的责任为所有参与者创造了沟通、贡献和合作的机会。（若是带领儿童团体，还需要制作一张 5R 原则海报挂在墙上作为提醒。）

{"我们基于尊重、惯例、规则、权利和责任的原则顺利实践了 E-5 团体的指导方针。在我们的团体中，大家是通过哪些方式确保聚焦这些原则的？"（花一些时间让团体中的每一位成员都有机会回应。）}

D. 面谈过程：

•"每次团体活动都会有一位参与者分享关于自己的信息，可以从下列分类中任选两种类型分享。"

– 早期记忆：发生在 10 岁之前的某个特定事件

的具体回忆。

　　– 家庭星座：关于你、你的家庭以及你如何在家庭中找到自己位置的信息。

　　– 儿时的挑战：你在成长过程中经历的任何与疾病、行为、邻居或学校相关的问题。

　　– 白日梦和梦境：醒着的时候和入睡之后头脑中出现的画面。

　　– 童年的生活变化：任何可能对你造成影响的家庭变故、搬家，或者学校方面的变化。

　　– 人生故事：你能够记起的发生在人生任何阶段的某个生活片段、事件或情形。

● [从第二次面谈开始，询问上次分享的志愿者："从上周见面到现在，你是如何应用自己的优势的？"

● 暂停，询问团体的其他成员："从上周见面到现在，你注意到自己或其他人的某些优势了吗？谁愿意先开始分享？"

● 等到大家结束反馈和交流之后，"这次活动仍然需要一位参与者分享关于自己的信息，可以从下列分类中任选两类分享：早期记忆、家庭星座、儿时的挑战、白日梦和梦境、童年的生活变化，以及人生故事。"]

　　{最后一次面谈过程}

- 期待：

    – 在这个团体刚组建的时候，你有哪些期待？

    – 在团体活动进行过程中，你的期待有没有发生什么变化？

    – 你的期待在多大程度上实现了，或者尚未实现？

    – 是什么因素促成了你的期待实现／未实现的结果？

- 赋能：

    – 你做出了哪些新的决定？

    – 你如何发挥自己的创造力？

    – 你做出了哪些新的选择？

{最后一次面谈跳过步骤 E-M，直接进行步骤 N。}

E. 志愿分享：

"谁愿意分享？"

F. 面向其他成员的说明：

"在你们倾听＿＿分享他／她的早期记忆、家庭星座、儿时的挑战、白日梦和梦境、童年的生活变化以及人生故事（某个生活片段）时，请从他／她的表达中发现并记录尽可能多的优势、贡献和联结。"

G. 面向志愿者的说明：

"你选择分享哪些信息呢？"（团体带领者注意：根据志愿者选择的两

个类型，阅读下列相应的说明。)

• 早期记忆："在分享早期记忆的时候，请回想以前的事情，越久远越好。你想到了什么特定的事件或时刻？在记忆中，你看到了什么事情或什么人？你听到了什么，或者谁在说话？有没有人或物品在移动？记忆中有什么气味？有什么味道？"

• 家庭星座："在分享家庭星座方面的信息时，请回答以下问题：在成长过程中，你都有哪些家庭成员？在你的成长过程中，谁和你住在一起？你认为自己在家里是老大、老二、中间、老幺，还是独生子女？作为家中排行____的孩子，你的感觉如何？在所有家庭成员中，谁和你最像？他/她和你如何相像？"

• 儿时的挑战："在分享儿时挑战的时候，想一想你在成长过程中经历的任何与疾病、行为、邻居或学校相关的问题。在处理这个挑战的过程中，什么因素或什么人起到了积极作用？面对这个挑战你做出了什么决定？"

• 白日梦和梦境："在分享白日梦和梦境的时候，请回想其中的所有景象、声音、动作、味道和气味。"

• 童年的生活变化："在成长过程中，你的家庭、住所、学校或邻里之间曾经产生过什么变化？这些变化对你产生了怎样的影响？因为这些变化的影响，你记得自己当时做出了什么决定吗？"

- 人生故事 (某个生活片段)："请讲述一个具体的人生故事，并说明你当时的年龄。描述尽可能多的细节，包括故事中的人物、地点和事物。"

H. 团体成员倾听并记录：

"在你和大家分享这些信息时，我们每个人都会写下我们听到的优势、贡献和联结。"

I. 志愿者完成信息分享：

"现在＿＿＿已经分享完他／她的信息，你们听到了哪些优势、贡献和联结？"

"谁可以为＿＿＿汇总大家的记录？我们需要一个人在这张纸上做记录，另一个人在白板上做记录。"

J. 与志愿者分享清单：

"请向＿＿＿读出这些优势、贡献和联结。"

暂停。"当你和＿＿＿分享这份清单时，你的感觉如何？"

K. 处理这些优势、贡献和联结：

询问志愿者："当我们发现你的一些资产、优势、贡献和联结时，你的感觉如何？"

暂停。"仔细看一下这份清单。你有什么想修改或增加的吗？"

暂停。"在这些内容中，哪些看起来对你最有意义？

从中选出对你来说最重要的 5 ～ 7 项。"

暂停。"当你通过对自己和他人都有益的方式运用这些优势、资产和联结时，事情会如何发展？"

暂停。"当你没有把这些优势、资产和联结发挥出来时，会发生什么？"

暂停。"当你过度使用自己的优势、资产和联结时，会发生什么？"

暂停。"现在，在你的生活中，有没有一个你可以发挥这些优势的地方，从而带领你走向一个新的方向，或者帮助你处理某个对你来说一直充满挑战的情形？"

暂停。"那会是怎样的感觉？"

暂停。"你可能会如何过度使用自己的优势，或者会如何'使用不足'？"

暂停。"什么方式对你来说可能效果更好？"

暂停。"在接下来的一周里，你会做怎样的调整，从而让情形有所改善？"

L. 结束：

面向团体的其他成员："在接下来的一周里，观察你所接触的人拥有哪些优势、贡献和联结。"

M. 团体分享：

"今天 / 今晚，作为这个团体的一分子，哪些内容对你有用或有帮助？谁先开始分享？"

N. 最后一次面谈的结束活动。（从下列活动中选择）

O. 肯定卡：

这个活动是让每一位成员都为其他伙伴写下特别的肯定，所以要准备数量充足的肯定卡（如图10.4）。给每位成员的卡片数量与团体人数（包括团体带领者）一致。请参与者为团体里的每一位伙伴写一句肯定的反馈。示例如下：

- 我很高兴你在这里，因为……
- 我欣赏你的……
- 我珍惜你的……
- 当……的时候，我会发自内心地微笑。
- 当你……的时候，我会感到放松（温暖、幸福、振奋）。
- 在……方面，你做得真的很好。
- 我钦佩……
- 你有权利……

写完卡片之后，请团体成员将每张卡片对折，并用订书机把另一端订起来。当所有人都完成之后，允许成员们有足够的时间在团体中走动并交换卡片。告诉大家把卡片保存好，可以每天打开一张，又或者等到需要肯定的时候再打开。等到所有人都交换完毕，请大家回到圆圈中，进入最后的朗读环节。

给＿＿＿＿＿＿＿＿的特别肯定

· ·

肯　定　卡

· ·

您获得了毫无保留的诚挚认可
特此授予肯定卡
详情查看卡片背面

签名：＿＿＿＿＿＿＿＿

图10.4　肯定卡

P. 无形的礼物：

这个活动与肯定卡类似，但是团体成员彼此交换的是无形的礼物。准备数量充足的"祝福卡"（如图10.5），给每位成员的卡片数量与团体人数（包括团体带领者）一致。建议大家给予每位伙伴一个特定的祝福。这份礼物应当是私人定制的，一个人不能给其他成员都写同样的内容。同时，这份礼物也是无形的，但不能只是一两个词。举例来说，一份礼物可能是祝福某位成员在职业生涯的探索与规划中有所成就，另一份礼物则可能是祝福某位成员收获一份梦寐以求的亲密关系。当所有人都完成之后，允许成员们有足够的时间在团体中走动并交换卡片。等到所有人都交换完毕，请大家回到圆圈中进入最后的朗读环节。

```
┌─────────────────────────────────────────┐
│              祝    福    卡               │
│  • • • • • • • • • • • • • • • • • • • • •  │
│  献给: _____          │
│         请接收这份无形的礼物:             │
│                                           │
│                                           │
│                                           │
│                         签名: _____  │
└─────────────────────────────────────────┘
```

Q. 最后环节: 朗读《生命即选择》并结束面谈。

生命即选择

生命即选择……

纵使受到主观诠释和外在期待的渲染,

我被我相信的事物

塑造并掌控;

我可以选择相信

这个世界应当如何对待我,

以及我可以期待自己如何融入其中。

生命即选择……

人生充满无限可能，

它们只会被自我建构的阻碍限制，

但，这出自我的选择。

生命即选择……

在生活中学习，

怀抱对未来的希望，

充分体验当下，

让每一个瞬间活得淋漓尽致。

生命即选择……

人生充满无限机遇，

我可以尽情绽放。

要明白，

生活需要"不完美的勇气"。

生命即选择……

在我的世界中，

人们各自以独特的色彩

共同织就一道彩虹；

我们彼此交融，

又各自独立。

生命即选择……

从亘古至永恒。

——艾伦·米勒林

◎工具10：鼓励 (激发勇气)

原理：

鼓励 (encouragement) 的字根是勇气 (courage)，从这个角度来看，鼓励的含义就是赋予他人勇气。鼓励传达的是一种发自真心的情绪体验，这种体验可以转化为认知性的决定。气馁的个体可能过度渴望寻求认可并取悦权威，他们认定自己只有比别人好才是有价值的，而且相信自己无法有效地应对生活，因而试图基于错误目标获得归属感和价值感，却导致更多负向行为与结果。鼓励是支持个体正视错误目标，并在现实生活中寻求改变的必要工具。激发者正是在鼓励中给予他人勇气，赋予个体力量，看见新的方向并采取行动。

阿德勒心理学关于鼓励的概念和策略已经被广泛运用于教育、家庭、心理治疗和企业组织之中。

目的：

1. 认识导致气馁的方式。

2. 认识导致人与人之间联结断裂的沟通障碍。

3. 发展鼓励所必需的动机性条件。

推荐阅读：

• 本书第一章和第十章

• Dinkmeyer, D., & Eckstein, D. (1996). *Leadership by encouragement* (Trade ed.). Boca Raton, FL: CRC Press.[10]

• Losoncy, L. E. (2000). *Turning people on: How to be an encouraging person.* Sanford, FL: InSync Communications LLC and InSync Press.

使用说明：

A. 据说，鼓励的一半内容是避免让人受到打击。注意我们的自我对话以及与他人的交谈，看看你能否在自己或他人身上捕捉到以下令人气馁的态度：

• 野心过高，设定很高的期待或标准。

• 通过关注错误来激励自己／他人。

10　直译为《鼓励型领导力》。——译者注

- 在人与人之间做比较。

- 进行悲观的解释。

- 通过过度热心来支配他人。

B. 使用十二项沟通障碍 (见表 A10.3) 辨识你或他人在沟通时有没有这些令人气馁的倾向。

C. 要注意，鼓励是一种态度，而非技术。唯有当我们不再追求私人的优越目标或利用自我保护掩饰自己的不足感时，我们才能拥有鼓励的态度。如果我们从小在家庭和学校缺少这种积极的体验，就必须把握住当下的每一个机会，通过以下原则培养自己的鼓励倾向，学会为自己和他人赋予勇气，并增强归属感和联结 (在一起)。

- 关注努力或进步，而非结果。

- 关注优势和资源。

- 关注建设性的发展 / 学习，而非责备。

- 将人和行为分开 (我们可以如其所是地接纳一个人，同时不同意他 / 她的行为或决定)。

- 练习相互尊重。

- 共同做决定。

- 对差异性保持开放的态度。

- 练习民主和平等。

- 拥有参与和合作的勇气。

- 认识到表扬（基于评判和评价）和鼓励（不评判且是无条件的积极关怀）之间的区别。

◎工具11：工作环境中的家庭星座

原理：

每个人都有自己独特的工作风格。这一风格起源于早期家庭经验，并成为个体主观感知的社会生活"规则"。在与同事／同学相处所形成的星座中，我们会遵循这些规则来面对工作／学校中出现的问题。我们可以通过迪士尼中的角色小熊维尼、瑞比、跳跳虎和屹耳来识别不同的优势和压力反应，以协助个体在工作关系中更好地理解自己和他人。

目的：

1. 了解个体的工作态度与集体的工作氛围。

2. 结合家庭星座技术中的信息，评估个体在工作或学习中的合作与贡献风格：优势、资产和资源。

推荐阅读：

- 本书第四、六、十章

- Kortman, K., & Eckstein, D. (2004). Winnie-the-Pooh: A

"honey-jar" for me and for you. The Family Journal, 12(1), 66-77.[11]

- Milliren, A., & Harris, K. (2006). *Work style assessment: A Socratic dialogue from the 100 Aker Wood. Illinois Counseling Association Journal,* 154(1), 4-16.[12]

- Milliren, A., Yang, J., Wingett, W., & Boender, J. (2008). *A place called home. The Journal of Individual Psychology,* 64(1), 81-95.[13]

使用说明：

A. 家庭首页 (参见工具13) 可以有效地用于一对一和团体情境。请个体或团体成员在图中写下每个问题的答案，从而收集关于家庭星座的信息。

B. 使用迪士尼角色描述一个人如何思考、感受和行动。每个角色都有自己的优势，但也有过度使用或使用不足的时候 (如表10.5所示)。

C. 寻找以下信息：

- 心理模式：猜测这个人会如何完成下面的句子，并猜测这个人的优势："我是……""他人是……""世界

---

11 直译为《维尼小熊：给你和我的"蜂蜜罐"》，发表于《家庭杂志》。——译者注

12 直译为《工作风格评估：百亩森林里的一场苏格拉底式对话》，发表于《伊利诺伊州咨询协会杂志》。——译者注

13 直译为《一个被称之为家的地方》，发表于《个体心理学》期刊。——译者注

是……""因此……"

· 将生活风格转化为工作风格:"我"作为管理者或职员,"他人"指其他同事,"世界"指工作场所。

D. 观察每位工作者的整体优势模式和压力反应,借以描述工作氛围。

表10.5 小熊维尼及朋友们的优势与压力反应		
角色	**优势**	**压力反应**
小熊维尼	和谐、敏感、体贴、温暖、付出	过度适应、过度取悦、适得其反
跳跳虎	联结、自发性、好玩、机智、有活力、快乐	指责他人、找借口、变得有破坏性
瑞比	有生产力、逻辑力、有系统、有条理	颐指气使、苛刻、完美主义
屹耳	安于现状、享受独处、喜欢独立、擅长例行任务、有洞见、爱深思	退缩、被误解、复杂化

◎**工具12:目标揭示:"有没有可能"**

原理:

鲁道夫·德雷克斯设计了"不当行为的四种即时目标"概念,以作为了解孩子私人逻辑的途径。这些目标——寻求关注、权力之争、报复和表现出能力不足——可以用来识别孩子关于如何在群体里获得归属感和价值感的错误信念。向孩子揭示这些目标，即使孩子可能选择继续原有的行为，这样做也是有帮助的，因为这就像阿德勒所说的"往某人的汤里吐口水"。即便这个人选择继续把汤喝完，这碗汤也不是原来的滋味了。

目的：

1. 猜测孩子不当行为背后的潜在原因。

2. 猜测并向孩子揭示其行为背后的目标。

3. 通过孩子的认同、反对或识别反射获取更多信息。

推荐阅读：

• 本书第六章

• Bettner, B. L., & Lew, A. (1996). *Raising kids who can.* Newton Center, MA: Connection Press.[14]

• Grunwald, B. B., & McAbee, H. V. (1985). *Guiding the family: Practical counseling techniques.* Muncie, IN: Accelerated Development Inc.[15]

---

14 直译为《养育有能力的孩子》。——译者注

15 直译为《家庭指导：实用咨询技术》。——译者注

使用说明：

每个目标都有特定的参考说明，并以"猜测"的方式呈现出来："你做＿＿(这件事或那件事, 对行为进行概括), 有没有可能是为了＿＿(对某个错误目标的描述)？"

A. 如果你想和孩子澄清某个不当行为的目标或目的，问孩子："你知道自己为什么选择做这件事(确认不当行为) 吗？"

B. 如果孩子的回应是肯定的，给孩子时间来解释他 / 她认为的原因(目的) 是什么。

C. 如果孩子不知道，或者他 / 她的回应并没有聚焦于不当行为的目标，可以这样回应："我对此也有一些想法。你想知道我怎么看吗？你愿意听一听吗？"

D. 如果孩子拒绝，尊重孩子的决定，这很重要。

E. 如果孩子同意，继续问孩子以下问题，一次只问一个，及时捕捉到识别反射。这一系列的"有没有可能"必须以客观的态度提出来，不带任何评判或谴责。这些问题仅仅是为了揭示目标或目的，协助我们以一种间接的方式理解不当行为。所以，这四个问题都要问到，避免急于对不当行为的目的下结论。

● 有没有可能，你认为我对你的关注不够？ (或者有没有可能，你想让我 / 其他人花更多时间陪你？或者有没有可能，你希望感觉自己很特别？或者有没有可能，你想让我 / 你的老师围着你团团转？）这个目标就是获得关注。

• 有没有可能，你希望按照自己的方式来，而且你想让大家看到你才是掌控这一切的人？（或者有没有可能，你想随心所欲地做自己想做的事，任何人都不能阻止你？）在这种情况下，这个行为的目标就是权力。

• 有没有可能，你想伤害别人，让他们体会到和你一样受伤的感觉？（或者有没有可能，你想伤害老师和班里的其他同学？或者有没有可能，你因为……所以想以牙还牙？）这个目标就是报复。

• 有没有可能，你希望大家让你一个人待着？（或者有没有可能，你认为自己不聪明，不想让其他人知道？）这个目标就是表现出能力不足。

F. "潜在原因"技术：面对抗拒的孩子，我们可以运用"潜在原因"技术，增加对他们的了解。如果孩子有一些不寻常的言行举止，你可以猜测他们正在想些什么，也就是他们做出这种举动的原因。这并不是心理层面的原因，而是孩子们在头脑中形成的用他们自己的语言表达的原因。这一技术学起来并不容易，但是非常高效且可靠。如果孩子对你的猜测说"不是"，那你就猜错了；如果他们说"有可能"，那你就接近真相了；在你猜对的时候，他们会不自觉地说"是"。向孩子揭示潜在原因的方式与目标揭示相似，但使用的是不同的问题，如下所示：

- 有没有可能，你感觉自己不重要，除非能在所有事情上都做到最好？

- 有没有可能，你感觉到总是被拒绝，除非所有人都喜欢你？

- 有没有可能，你觉得自己不应该犯任何错误？

- 有没有可能，你觉得自己尽力了，但是大家丝毫不表示认可？

- 有没有可能，你希望自己能比____更好？

- 有没有可能，你想让我感到内疚，为我之前对你做的事情感到后悔？

- 有没有可能，你想让我 (他/她) 有这种感觉，你不在乎会为此付出什么代价？

- 有没有可能，你想向我展示你比我聪明？

- 有没有可能，当我对你无能为力以及感到无助的时候，你会有一种优越感？

- 有没有可能，你不和我说话是想激怒我 (和其他人)，并让我感到无助和挫败？

- 有没有可能，为了能够让自己显得厉害，你愿意做任何事情？

- 有没有可能，你想让大家为你感到难过，然后百般顺从你？

- 有没有可能，你把生病当作不必承担责任的正当理由？

- 有没有可能，你相信作为未成年人，你不会因为偷东西或破坏他人财产而受到惩罚？

- 有没有可能，当你让其他人受苦或感觉愚蠢的时候，你会对自己感到满意？

有时还会有一些其他原因浮出水面：

- 有没有可能，为了证明自己，你会不惜一切代价追求成功的感觉？

- 有没有可能，你非常努力地确保其他人不会超过你？

- 有没有可能，你认为自己应该得到照顾，并过着轻松的生活？

- 有没有可能，你觉得这个世界亏欠了你，你不该被迫如此努力？

- 有没有可能，你觉得自己必须超过所有人，想让他们看看谁才是最厉害的？

- 有没有可能，你在生活中有些犹豫不决，只想确保自己不会犯一些愚蠢的错误？

备注：猜测不会造成伤害，因为如果你猜错了，孩子只会耸耸肩而已。而在你猜对的一瞬间，孩子会感到被理解，并从敌意和抗拒转变为合作。这会再次带来一段工作关系的新开始，孩子可以从中获得帮助以改变某些错误信念。同样重要的是，要知道，孩子未必总能够觉察到自己不当行为的潜在原因，当你猜出答案的那个瞬间，他们会突然意识到这个猜测是正确的。

◎工具13：家庭首页

原理：

个体早期生活中的家庭氛围是心理研究的一个重要方面。在童年时期，父母之间的互动、父母与孩子之间的互动，以及父母在孩子身边与他人的互动，交织形成了家庭氛围，也为孩子提供了社会生活的标准或"规则"。每个人都会按照自己的方式诠释父母传达的这些信息，所以说，家庭氛围并不会直接决定一个人的人格。然而，它在很大程度上影响着生活风格的形成和发展。既然孩子会对自己在家庭体验中接收到的信息进行诠释，我们就有必要理解他们如何看待自己在家庭中的地位，从而理解主导其"人生计划"的基本信念。

目的：

1. 了解个体的资产、优势、资源和私人逻辑。

2. 确认个体生活风格（认知地图）中的重要元素。

推荐阅读:

• 本书第六、十章

• Milliren, A., Yang, J., Wingett, W., & Boender, J. (2008). *A place called home. The Journal of Individual Psychology,* 64(1), 81-95.

使用说明:

A. 家庭首页 (如图10.6所示) 可以有效地用于一对一和团体情境。请个体或团体成员在图中写下每个问题的答案。

B. 完成之后，使用"尊重的启发式探究"流程 (简称 RCI) 对个体的答案进行探索。

C. "尊重的启发式探究"是探索个体人生旅程的一种对话技巧，旨在了解个体从哪里来、正在经历什么，以及想要去往何方。在探索的过程中，我们会结合对个体行为的观察不断理解对方的私人逻辑。通过这一流程，我们会协助个体逐渐觉察到自己的信念。有效的 RCI 流程包括七项基本特征 (FLAVERS):

F (Focus): 聚焦对方想要什么，并确定彼此同意的对话目标。

L (Listen): 专注地、同理地、反映式地倾听。

家 庭 首 页

完成句子："我小时候是……的孩子。"

描述一个家训或家庭口号：
"我们是……的家庭。"

描述社区 / 你成长的地方：

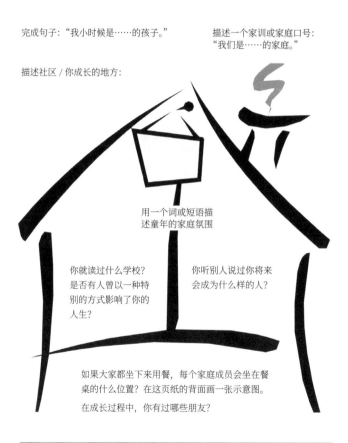

用一个词或短语描述童年的家庭氛围

你就读过什么学校？是否有人曾以一种特别的方式影响了你的人生？

你听别人说过你将来会成为什么样的人？

如果大家都坐下来用餐，每个家庭成员会坐在餐桌的什么位置？在这页纸的背面画一张示意图。

在成长过程中，你有过哪些朋友？

图10.6　家庭首页

A (Assess)：评估对方的优势、动机、复原力及社会兴趣。

V (Validate)：认可对方的资源及品质特性，鼓励对方成长。

E (Enjoy)：对社会生活中具有讽刺意味的方面，幽默应对。

R (Replace)：以适当的澄清、创造性直觉、富有想象力的同理心和猜测性的问题，取代无效的信息收集 (更具事实性的)。

S (Socratic)：作为 RCI 流程核心元素的苏格拉底式对话 (什么？谁？哪里？何时？如何？)。

D. 阿德勒告诉我们，一个人的生活风格和价值观，会在他 / 她的一言一行中表露无遗。因此，对方提供的任何信息都可以作为了解其私人逻辑的线索。因为我们的目标在于理解个体的生活风格，并协助对方觉察到生活风格的影响，所以我们提出的问题也会围绕增加觉察并激发行动这一方向。

对话范例：

在斯蒂芬回答了"你小时候听别人说过你将来会成为

什么样的人"这个问题之后，咨询师和她展开了如下对话。虽然斯蒂芬是因为自己在工作中没有成就感而寻求心理咨询的，但是她逐渐探知到，自己的不满足很大程度上源自一种感觉：她永远不可能让爸爸满意。

斯蒂芬：大人总是对我说，我长大之后想做什么都没问题。但我想当老师，就像我的父母一样，他们却根本不喜欢我这个理想。他们似乎认为我应该比他们更优秀。

咨询师：你对此是什么感觉？

斯蒂芬：我一直觉得压力很大。我觉得自己不够好。如果我得了 A，就应该能得到 A+。似乎我总是让他们感到失望。

咨询师：所以，你感觉自己无法达到他们的期望？

斯蒂芬：我母亲对我的工作应该还可以接受，但我知道我父亲不是。他会发表这样的评论："所以，用你当老师的薪水过高质量的生活，感觉怎么样？"我根本不想回答他，但是真的感觉很受伤。

咨询师：你会做些什么来避免伤得太深？

斯蒂芬：我尝试忽视这一切，但有时候回到家还是会哭。我知道自己永远不可能让他高兴。我希望哪怕只有一次，他能告诉我，他为我感到骄傲。我真的已经很努力了……但是根本没什么作用。

咨询师：这对家庭以外的人际关系产生了什么影响？

斯蒂芬：对朋友以及他们的孩子，我总是会努力帮助他们认识到，无论做出什么样的选择，重要的是要幸福快乐。对学校里的孩子，我会鼓励他们，指出他们的长处。

咨询师：所以，从某种角度来说，虽然你和父亲的相处比较困难，但是这反而帮助你在和他人相处时，更加积极正向且富有鼓励性。

斯蒂芬：哦，是的，我想这确实是好的一面。

斯蒂芬拥有的一个重要资产就是她寻求平等的人际关系。在这次面谈的后半部分讨论中，斯蒂芬也确认了这一事实，即对她而言，在人际沟通中表达相互欣赏是非常重要的。这也是她在班级里非常关注的一个方面，她会重点强调学生们要互相关心。此外，斯蒂芬还懂得如何避免冲突，对他人颇为敏感，希望让别人高兴。最重要的是，她希望成为且希望被看作一个鼓励者。

◎工具 14：希望是一种选择

原理：

我们生活在一个充满挑战的世界，常常需要与努力追求生命意义和精神方向的个体一起工作。希望，如同勇气，可以为身处恐惧和绝望的我们带来忍耐与鼓励。希望是一种目标导向的思维和信念方式，让我们看见通往目标的路径，并有动力使用这些路径。希望是在我们最脆弱无力的时候被赐予的无限机遇，让我们冒险相信事情会有转机。即便处于至深的绝望深渊，我们每个人仍然拥有选择的权力。点燃希望，本身就能为个人的正向改变创造机会。[23]

目的：

1. 认识到希望既是一种认知概念，也是一种情绪概念，能使我们朝着目标前进。

2. 支持需要希望的个体寻找并提升他／她的动机。

3. 促进计划的进展，使之得到积极的落实。

4. 发展个体自我鼓励的技能。

推荐阅读：

• 本书第九章

使用说明：

A. 选择一个令个体感觉气馁或失落的情形。帮助对方表达情绪、行为或认知上的困扰。

B. 协助个体找到一个改变的理由。

C. 允许对方持有矛盾的观点。

D. 运用鼓励来增强个体改变的渴望。

E. 运用苏格拉底式提问 (工具1) 或储备：7-11 (工具15) 对个体的优势进行评估。

F. 一旦拥有了改变的渴望，协助个体理解如何通过制订计划这一最佳方式让改变得以发生。

G. 通过早期记忆或家庭星座 (表10.6 希望工作表 #1-2) 识别妨碍个体实施计划的生活风格主题 (或人生态度)。

H. 识别影响个体决定改变或不改变的分离性情绪。

I. 使用某个家训或某段经文 (表A10.4 希望工作表 #2-2) 激发个体的自我鼓励，并进一步强化希望。

表10.6 希望工作表 #1-2		
关注点	理想的目标导向	计划或策略
个人信息	人生任务	家庭星座—
	工作—	
	爱—	
	友谊—	
	家庭—	早期记忆—
	社会群体—	
	自己—	
	宇宙—	

心理模式	我是— 其他人是— 世界是— 神或生活是—	因此— 优势— 挑战—
选择、机遇、方向[16]	我拥有— 我是— 我可以— 我将会—	其他人拥有— 其他人是— 其他人可以— 其他人将会—
自我鼓励	用连接性情绪取代分离性情绪（见第八章）	家训— 精神箴言— （见表 A10.4 希望工作表 #2-2）

◎工具 15：储备：7-11

原理：

勇气激发者努力发现个体可用于改变过程的资产、优势和资源。助人关系的核心是个体在改变的过程中愿意合作和参与。这一工具模拟阿德勒富有创意的探究风格，设计了 7 个开端话题和 11 项苏格拉底式提问。"好的"问法是询问关于什么、谁、哪里、何时以及如何等类型的问题；不要问"为什么"，除非我们想了解"为了什么目的"。激发者拥有许多储藏备用的创造性机会，经由这些机会，

---

16 "选择、机遇、方向"的说明来自韦斯·温盖特。

激发者可以在平等的关系中抽丝剥茧，并不断推进沟通的深度。

目的：

1. 了解个体的资产、优势、资源和私人逻辑。

2. 确认个体生活风格（认知地图）中的重要元素。

推荐阅读：

● 本书第十章

● Wingett, W., & Milliren, A. (2004). *Lost? Stuck? An Adlerian technique for understanding the individual's psychological movement.* The Journal of Individual Psychology, 60(3), 265-276.[17]

使用说明：

A. 11 项问句： 在收集关于自己和他人的信息时，下列 11 项苏格拉底式提问非常有帮助。

● **基础问题**——"感觉怎么样？"这种随口一问的方式其实意味着我们通常只需使用一个简单基础的问句即可。

17　直译为《迷失？被困？理解个体心理动向的阿德勒学派咨询技术》，发表于《个体心理学》期刊。——译者注

"你当时感觉怎么样？""你现在感觉怎么样？""那对你来说是什么感觉？""那是一种什么感觉？"

- **考虑选择**——很多时候，我们可以间接向对方指出他/她在人生的某些方面拥有选择权，这很重要。"在所有的可能性中，是什么让你认为/决定____？""在各种各样的选择中，关于____你是怎么决定的？""关于____是什么引发了你的反应/关注/兴趣？"

- **感受、感受、感受**——尤其在和儿童及青少年一起工作时，为他们准备一份识别感受的框架会很有帮助。如果只是简单问一句"你的感受如何"，对方可能只会回答"不知道"。我们倾向于像这样说："当你想到那个情形时（当你琢磨那件事的来龙去脉时，或当你回想那件事时），你是生气、伤心、高兴、害怕，还是几种感受的组合？"然后，接着对方的回应，继续问，"当你感到____时，那种感觉是什么样子？你会在身体的哪个部位体验到那种感觉？"

- **捕捉**——在探索早期回忆时，印象最深刻的瞬间是几乎所有故事中最重要的部分。基本上，我们可以这样问："就像是一幅图画或照片，那一事件的哪个部分令你印象最深刻？"

- **建立联系**——很多时候人们会提到过去已经形成的

某些决定或信念。这往往发生在回顾早期记忆或回忆的过程中，而我们需要为对方把这部分信息带入现在的生活中。可以这样问："现在，那件事让你联想到了什么？"或者"那件事在你现在的生活中发挥着什么影响？"我们可以让对方看到，他们正在基于小时候（比如说小学阶段）做出的决定来经营现在的生活。

• **决定、决定**——这个过程类似于帮助人们认识到自己拥有选择怎么想和怎么做的权力，询问对方在回应某件事时可能做出了什么决定，可以为当下的信念带来一些洞见。大多数时候，这些决定都和某项人生任务有关，无论是朋友、家庭还是工作，而且这些决定通常都发生在青春期阶段。"你能回忆起自己在那件事情发生的时候做了什么决定吗？""你记得当时自己有什么想法吗？""是什么让你做出了那样的结论？"

• **结果**——做了会怎样，不做会怎样。我们在生活中的很多时候好像都别无选择：我必须得回家、我不得不做饭、我应该学习。当我们听对方谈论他们对自己提出的要求时，可以这样问："如果你当时没有那么做，会发生什么？""如果你不做那件事，会发生什么？""假如你当时那么做了，会发生什么？""如果你那么做了，会发生什么？"

• **评估**——与"做了会怎样，不做会怎样"的问题类似，有时候我们会故意让对方评估某个行为或信念。很简单，可以按照这个格式来问："是什么使得____对你来说如此重要 (特别、有必要、有吸引力等)？"

• **我会看见什么？**——直接用于澄清故事的某些部分，我们可以问："如果我在现场，我会看到什么？""我会看到什么事情发生？""那件事看起来是什么样的？"有些时候，有人提取视觉信息不那么容易，这时我们可以问："你能告诉我更多细节吗？""可以再多说一些吗？""可以举一些例子吗？"

• **目标设定**——治疗过程的一个重要元素就是保持双方同步。事实上，新手咨询师／治疗师容易犯的一个主要错误就是未与来访者一同设定目标。一个简单的问句"你希望我今天可以帮上什么忙"就可以帮助我们设定共同的目标。其他类似的问句包括："你觉得我今天在这里可以帮到你什么？""今天我们如何一起有效地运用时间？""今天我们谈论的这一切对你有什么帮助？"

• **奇迹问句**——自从阿德勒设计了"特别提问法"，再加上德雷克斯的发展，"特别提问法"的用法早就以不同的名称出现在阿德勒心理学的诸多文献著作中 (也出现在许多其他咨询和治疗技术中)。很简单，阿德勒会问他的**来访者**："如果你担心的症状消失了，你会变成什么样？"这一方法常常也被称为"奇迹问句"，它可以协助咨询师 / 治疗师了解来访者正在逃避什么。我们发现这样提问很有帮助："如果我拥有魔法，可以如你所愿改变任何事情，你会希望事情有什么不同？"

B. 7 个开端话题：以下 7 种开启故事的方式能够使个体敞开心扉，让我们进入对方的世界。很多时候对方会敞开很多扇门，我们并不一定知道哪扇门才是最佳通道。这时我们可以先选择其中一扇，其他留待以后再开启。如果某扇门特别重要，而我们并没有立刻进入，通常对方还会以其他形式将我们再次带到那里。

● **骑车**（溜冰、游泳、滑板、钢琴）——我们通过这个问题开启对话："你知道怎么骑自行车吗？"如果未能得到肯定的回答，可以询问其他活动；如果对方回答"知道"，我们继续询问："和我聊一聊，你第一次学习骑车是什么样的？"这些故事通常与对方学习新事物的方式有类似之处。一旦了解到个体的学习方式，我们就获得了如何与对方一起有效工作的线索（参见对话范例）。

● **购物**——买东西是几乎每个人都要面对的日常基础活动之一，也是其中一项简单的生活挑战，而且每个人都会发展出一套策略或路线。我们可以这样开始提问："如果要购买主要的生活用品，你会去哪个商店？"我们得到的答案会很多样，因此我们可以使用相似的问题来谈论甲商店或乙商店。在随后的讨论中，我们可以发现这个人对待生活的总体价值观。

- **出生排行**——依照个体心理学的传统，我们必然会探索个体的出生顺序。但是在时间有限的咨询／治疗情境下，我们未必会花时间充分研究家庭星座图，不过我们要做的，是通过对方在出生顺序中的特殊位置了解他／她的世界观。我们可以简单询问："你的出生排行是什么？你在家里是老大、老二、中间、老幺，还是独生子女？"得到答案之后，我们会继续问："作为家中排行＿＿的孩子，你的感觉如何？"从这里开始，我们就需要根据对方的回应选择后续问题，进而一步步抽丝剥茧。

- **迷失、被困**——迷失或被困的故事是为了协助对方从迷失或被困的处境走向失而复得或重获自由。开启这一话题的最好时机是在个体提到失落感（我在迷雾中不知该何去何从）或受困感（我感觉自己在这段关系中被卡住了，不知道下一步该怎么办）的时候。不过，有时候直接发出邀请开启谈话也是有帮助的，比如："和我聊一聊你某次走丢了的经历。也许是你在旅行的时候找不到回家的路，也许是你找不到某个地址，又或是你在某个购物中心找不到出口。""和我聊一聊你某次被困的经历，比如困在雪里、沙子里或泥坑里。"通常这个人讲述的故事有助于我们大致了解对方独特的解决问题策略。同样的，接下来我们需要根据对方的回应选择后续的苏格拉底式提问。

• **家**——当你想到一个你称为家的地方，你认为哪一个词最能形容它？

• **名字**——有时候，以这个话题开启的对话会引发深层次的讨论。我们曾经听到很多人说起自己的名字取自另一个人，对此他们觉得非常自豪；也有人认为自己的名字听起来像个小孩子；有人说他们因为自己的取名过程而感到与众不同，又或者对自己的名字感到极其失望。我们会这样开始提问："你知道自己的名字是怎么来的吗？"如果答案是不知道，请对方编一个故事。"你知道它所代表的含义吗？"如果不知道，他们还是可以编一个故事。"对于自己的名字，什么是你喜欢（不喜欢）的？""如果要改名的话，你会把它改成什么？"

• **个人的鼓励者**——"在你的成长过程中，有没有一个信任你的人？那个人是谁？他／她会对你说什么或做什么？你是怎么知道他／她相信你的？"并非每个人都会遇到自己的鼓励者，但是我们常常发现，在个体的生命中，至少会有一个人曾经为他 / 她提供过支持和鼓励。

对话范例：

来访者： 我记得自己看到其他孩子都在骑车，我也希望和他们一起玩。等到我哥哥回来的时候，我就让他教我骑自行车。

咨询师： 事情进展如何？

来访者： 他告诉我，他会跟在我后面跑，如果他感觉我要摔倒，就会扶住自行车后面。

咨询师： 你感觉怎么样？

来访者： 嗯，我们的车道是一条有点向下的坡道，我做得还不错，一边踩脚踏板一边保持平衡。但是后来，我意识到他压根儿没跟在我后面跑，我转头寻找他，结果冲进了灌木丛。我根本不知道如何停下来。

咨询师： 所以，在想到这件事的时候，你的感受是生气、伤心、高兴、害怕，还是几种感受的组合？

来访者： 我刚开始特别生气，因为他对我撒谎了。但是，接着我又想到刚才自己已经在骑车了——才第一次尝试！所以我感到很兴奋。我推着自行车又走回坡道的最上面，然后骑上去又试了一次。我发现自己其实根本不需要他。我自己就可以办到！

正如这个故事揭示的，我们发现该来访者在学习新事物时，刚开始可能需要找人帮忙，但开始之后，她就可以比较独立地进行了。她的性格更像是一种"依赖的独立"。通过进一步的提问，我们发现这也是她的生活方式，当她表现出过度依赖或过度独立，又或者表现得毫不依赖或不够独立，她在处理一些生活挑战时就会遇到困难。这也成为该来访者之后的咨询目标，咨询师会和她一起工作以找到平衡。

◎工具 16：生活风格面谈：新版本

原理：

生活风格评估是理解自我和他人的有效方式。在生活风格评估中，关于早期家庭和生活经历的信息，可以通过心理测量工具获得，比如"基本社会兴趣量表—成人版"，也可以直接通过面谈的方式收集。生活风格面谈可以揭示一个人的心理素描、信念主题和模式、面对自我和他人的态度，以及应对生活要求的方式。

目的：

1. 结合富有创意的修改，提供简易生活风格面谈的指导。

2. 展示生活风格自我评估的流程。

推荐阅读:

• 本书第十章

• Bass, M. L., Curlette, W. L., Kern, R. M., & McWilliams, A. E., Jr. (2006). *Social interest: A meta-analysis of a multidimensional construct*, In S. Slavik & J. Carlson (Eds.) *Readings in the theory of individual psychology* (pp. 123-150). New York: Routledge/Taylor & Francis Group.[18]

• Walton, F. X. (1998). *Use of the most memorable observation as a technique for understanding choice of parenting style. The Journal of Individual Psychology,* 54, 487-494.[19]

• Walton, F. X. (1996). *Questions for brief life style analysis.* Paper presented at University of Texas Permian Basin Spring Counseling Workshop, Odessa, TX.[20]

使用说明:

A. 沃尔顿建议使用以下五个问题进行简易的生活风格面谈:

18 　直译为《社会兴趣:多维度心理建构的系统分析》,收录于《个体心理学理论解读》。——译者注

19 　直译为《运用最难忘的观察作为理解教养方式的技术》,发表于《个体心理学》期刊。——译者注

20 　直译为《简易生活风格分析问题》,发布于德克萨斯大学帕米亚盆地分校春季心理咨询研讨会。——译者注

- 完成句子：我是一个总是……的孩子。

- 小时候，你认为哪个兄弟姐妹和你最不同？怎么不同？如果对方是独生子女，可以问："你和其他孩子有什么不同？"

- 小时候，你认为爸爸／妈妈身上最正向的特点是什么？有什么是你不能接受的？

- 难以忘怀或最难忘的观察：在成长过程中，你记得自己曾经对生活做出过什么决定？比如："等我将来长大了，我一定会……""我以后肯定不会让这种事情出现在我的生活或家庭中。"

- 最后，了解两个早期记忆（回忆）：你能想到的最早的具体事件是什么（以现在时态记录对方的原话）？最生动的瞬间是什么？你对这件事有什么感受？

B. 使用沃尔顿的五个问题与自己进行一次生活风格面谈。写下你对自己的认识。

C. 阿德勒学派的学者建议我们要在早期记忆中寻找感受和反复出现的主题，比如这个人是形单影只还是和其他人在一起，是积极的还是消极的，是合作的还是竞争的，以及在家庭或学校与他人之间是什么样的关系。同时，我们还会了解这些感受与当前生活中发生的事情之间的关联。（你最近一次出现这些感受是什么时候？）

D. 使用以下苏格拉底式提问对自己或他人的生活风格进行评估。

[开场说明]

"在我们交谈的时候，我会做这些事。我会开始列一份清单……在听你说话的时候，我会留意你的资源和优势 (或者你已经做得很好的地方)。我会一边听一边记下你现在或未来遇到挑战时可以派上用场的特质。可以是关于工作的、家庭的，或是与家人或朋友相处方面的……所以，我们可以先简单聊聊天吗？"

出生顺序：

• 让我们从你的出生顺序开始探索。你有几个兄弟姐妹？

• 你的感觉如何？

• 你们之间的竞争是什么样的？

• 身为老幺 (或老大、中间或独生子女)，你还想到了什么？

• 所以，你对此的结论是什么？

我是……的孩子：

• 在成长过程中，你有过什么特别的外号吗？或者大家对你有什么特别的印象吗？就像是完成句子："我是一个……的孩子。"

• 你还能想到什么例子吗？

学校体验:

- 在典型的一天中,你会如何运用自己的时间?
- 回想你刚上学的前几年。在幼儿园或一二年级的时候,你的感觉如何?

第一份有稳定收入的工作:

- 你的第一份有稳定收入的工作是什么?
- 你对那份工作最喜欢的地方是什么?
- 关于那份工作,你还有什么想说的?
- 那份工作有什么缺点吗?

购物:

- 就日常购物来说,你更喜欢去什么样的商店?
- 除了特定的商品,这个商店还有什么吸引你的地方?
- 我想知道你如何解决日常生活中的常见挑战,比如购物就是日常的一个常规挑战,你是怎么处理的?

其他问题:

- 你能想起自己因为某件事做的某个决定吗?
- 我只是好奇,在你的成长过程中,有没有一个信任你的人?
- 那种感觉是什么样的?

四类感受：

• 当你想到当时的情形时，你是生气、伤心、高兴、害怕，还是几种感受的组合？

• 所以，当你承受了这一切的时候，你是生气、伤心、高兴、害怕，还是几种感受的组合？

优势总结：

• 好的，谢谢你！我们来总结一下，基于今天的对话列出一份优势清单，再谈谈你的目标，看看所有这些元素可以为你带来什么帮助。

◎工具17：迷失或被困？

原理：

"迷失或被困"技术可以用于了解并评估个体在解决问题方面的心理动向。个体心理学是一门关于动向的心理学，个体正是通过动向来表达对待自我、他人和世界的独特态度。在面对某些情形或经历时，如果个体对此准备不足，就会感觉迷失或被困。其实每个人都拥有应对生活挑战所必需的内在资源。虽然个体未必知道这些资源，或者以为它们不存在，但是我们都发展出了自己的一套解决问题的策略。"迷失或被困"的目的是帮助个体发现独特且富有创意的解决问题的方式，最终从迷失或被困的处境走向失而复得或重获自由。

目的：

1. 识别个体解决问题的策略。

2. 在必要的时候修改这些策略。

3. 将个人的解决问题策略运用于当前面临的挑战。

推荐阅读：

• 本书第八章

• Wingett, W., & Milliren, A. (2004). *Lost? Stuck? An Adlerian technique for understanding the individual's psychological movement. The Journal of Individual Psychology,* 60(3), 265-276.

使用说明：

A. 辨识个体解决问题的方式。

在倾听对方描述当前的某个问题时，留意"迷失"或"被困"等关键词。很多时候，个体在描述那些促使他们寻求咨询的情形时，都会使用"迷失"或"被困"等词语来概括这些问题，比如："我迷路了，我不知道应该在哪里拐弯。""我在夫妻关系中迷失了。"其他例子包括："我已经尝试了所有办法，结果还是一直原地打转。""我被困在这个烂摊子里，看不到出路！"

B. 邀请对方分享他／她曾经迷失或受困的经历。你可以说："和我聊一聊你某次迷失的经历。也许是你在旅行的时候找不到回家的路，也许是你找不到某个地址，又或是你在某个购物中心找不到出口。""和我聊一聊你某次被困的经历，比如困在雪里、沙子里或泥坑里。"接下来对方就会开始分享自己的故事，这些故事会为我们呈现对方独特的解决问题策略的框架。

C. 辨识个体过往所使用的解决问题策略中的成功要素。在个体回顾自己找到问题的出路，或者从困境中走出来的情境的时候，咨询师／治疗师需要留意倾听个体在这个过程中的认知、情感和行为要素。举例来说，当个体发现自己迷路或被困的时候，他／她有什么想法、感受和行为？在开始着手解决这个问题时，他／她有什么想法、感受和行为？在问题解决之后，他／她有什么想法、感受和行为？个体做出的哪些选择可能导致或加速了初始问题的发生？在初始问题之后，个体可以采取哪些预防措施？在初始问题中，是否还涉及其他人，是哪些人？

D. 将解决问题策略中适当且有效的要素运用于当前的挑战。什么样的"自我对话"是必要的？在问题解决之前、过程中及之后，你希望自己是什么感受？你将会采取哪些理性、智慧、对自己和他人有益、有效且高效的行为？你可以让其他人如何参与到解决问题的过程中？你可以做些什么来预防类似事件再次发生？

E. 评估修改后的策略可以在多大程度上支持个体发展更高程度的社会兴趣，同时有助于解决问题。

对话范例：

在最近的咨询面谈中，咨询师运用了"迷失或被困"技术，过程如下：

咨询师： 和我聊一聊你某次迷失或被困的经历，比如找不到某个地方，在购物中心迷路，或被困在雪里、沙子里、泥坑里。

来访者： 嗯，在我结婚之前，那会儿我还住在自己家，在一场严重的暴风雪过后，我开车从公司回家，以为自己能顺利到家。好吧，在离家只有几英里的地方，我的车滑出了车道，掉进了沟里，我怎么也没办法移动车子。

咨询师： 然后你做了什么？

来访者： 嗯，我傻坐了一会儿，觉得自己很蠢，接着我决定应该在天黑之前做些什么。我把自己裹严实了，然后步行走向我看到的一个农场。

咨询师： 后来呢？

来访者： 我到了农场那里，看见屋里亮着一盏灯，我就走到后门那里敲门。

咨询师： 你当时在想什么？

来访者： 我想的是"有灯亮着，屋里肯定有人，没准儿他们能帮我把车开出泥沟"。

咨询师： 后来发生了什么？

来访者： 一对老夫妇来到门边，邀请我进屋。我一边取暖一边把自己的遭遇告诉他们。那位老先生开着拖拉机和我一起把我的车拖出了泥沟。我提出给他钱，但是他只收下了我的感谢。我心怀感恩慢慢把车开回了家。

咨询师： 来看看我是否理解了整件事。你当时未婚，住在自己家。你在一场暴风雪过后开车回家，车滑进了泥坑。你在那儿坐了一会儿，然后把自己裹严实并走向一座农舍，你敲了敲门，一对老夫妇过来开门，邀请你进去取暖，听你讲了这个故事，然后伸出援手。那位老先生帮助你把车拖了出来，你提出给他钱，他婉拒了，然后你带着感恩之心小心翼翼地开车回了家。

来访者：是的，没错，就是这样的过程。

咨询师：而这也是你解决问题的方式。现在，我们来检视一下你从始至终解决问题的全过程。

来访者：听起来不错。

咨询师：首先，你意识到自己遇到了问题，进行了一些消极的自我对话。

来访者：是的，我抱怨自己愚蠢，下雪天开那么快，还没有雪地轮胎，冒不必要的风险。

咨询师：在认真审视了当时的情形之后，你决定把自己裹严实并走向一座农舍。你是怎么做出这个决定的？

来访者：嗯，我想我可以待在车里等着别人来发现我，又或者，我可以走到大约半英里之外的农舍那里。当时并没有天寒地冻，而我在车里还有一些备用的衣服，所以我想趁着天亮我也许很容易就能走到农场。

咨询师：然后当你走近农舍，看见屋里亮着的灯，你当时是什么想法？

来访者：我当时想的是，希望屋里有人，他们没准儿可以帮助我。

咨询师：于是你就敲了敲门？

来访者：嗯，嗯。一对夫妻来开门，邀请我进屋取暖。我告诉他们发生的事，并请求帮助。

咨询师： 对你来说，请求帮助是什么样的感觉？

来访者： 有点吓人。但是，我想他们没准儿可以帮到我。他们确实帮到了。

咨询师： 然后你们一起把车拖出了泥沟，你提出要付钱，他拒绝了，于是你出发回家。所以，你解决这个问题的步骤是：1）审视情形寻找可能的选择；2）识别可以寻求帮助的资源；3）向你不认识的人寻求帮助；4）提出向帮助你的人付钱并且口头道谢；5）谨慎地继续去往目的地。

来访者： 对，就是这样。但我以前从来没有像这样分解成步骤。

咨询师： 如果你把这五个步骤运用到现在的问题上，会发生什么？

来访者： 我还不确定，但是很愿意试一试。

上述示例展示了如何运用该技术识别个体解决问题的风格。示例中的来访者可以将自己的解决问题策略有效地运用到未来的挑战中，只要有"农舍"存在。很显然她有能力寻求帮助，但是如果没有人听到她的请求或者她的请求被拒绝，她的策略会是什么，这一点尚不明确。虽然她可以将自己的策略运用到当前的问题中，但是咨询师/治疗师仍然希望和她一起探讨，在无法获得即时帮助的情况下，她可以做些什么。

◎工具 18：最难忘的记忆

原理：

最难忘的观察（most memorable observation）是由沃尔顿设计的咨询技术，旨在运用自传式记忆了解父母的信念系统，从而理解父母的教养方式。由于记忆的选择性，父母提供的对于最难忘时刻的观察可以揭示与养育息息相关的私人逻辑。稍加修改之后，这一技术也可用来了解老师的教学风格以及其他人应对人生任务的态度。

目的：

1. 帮助个体看见导致家庭关系陷入困境的错误思维。

2. 询问父母在青少年早期对于家庭生活的观察。

3. 协助个体决定在家庭生活中什么才是重要的。

4. 协助父母理解信念如何帮助或妨碍他们使用更为有效的养育技巧。

推荐阅读：

• Walton, F. X. (1996). *An overview of a systematic approach to Adlerian family counseling.* Paper presented at UT Permian Basin Spring Counseling Workshop, Odessa, TX.[21]

● Walton, F. X. (1998). *Use of the most memorable observation as a technique for understanding choice of parenting style.* The Journal of Individual Psychology, 54, 487-494.

使用说明：

A. 首先了解与家庭星座和当前问题有关的信息。

B. 询问以下问题。在青少年早期，甚至直到十三岁左右，有一个很常见的现象是，我们每个人可能都会环顾家庭生活，并对某些看似重要的方面做出结论。这个结论有时是正向的，比如："我真喜欢家里的这部分生活。长大之后，我也要让自己的家保持这种状态。"但这个结论通常都是负向的，比如："我一点都不喜欢，真是令人厌恶。等我长大之后，无论如何我都不会让这一切出现在我自己的家里。"你呢？在大约 11 至 13 岁这个阶段，你认为你对家庭生活得出了什么结论？这个结论可能是正向的，也可能是负向的，又或者两者兼具？

C. 请帮助我们的父母看到他们是如何进行以下一种

21　直译为《基于阿德勒心理学的家庭咨询系统方法概览》，发布于德克萨斯大学帕米亚盆地分校春季心理咨询研讨会。——译者注

或多种过度补偿的：

- 过度强调自己防范的情形会发生的可能性。
- 假如上述情形真的发生了，过度强调它造成的负向影响。
- 假如上述情形真的发生了，低估自己有效处理该情形的能力。

D. 帮助父母基于新的理解调整自己的养育技巧：

- 指出同样的方式既带我们走向成功，也为我们制造困境，以此来鼓励父母。
- 找出具体的例子，体现父母过度强调自己防范的情形会发生的可能性。
- 帮助父母发展一套处理上述棘手情形的全新技巧，聚焦于如何赢得儿童与青少年的合作。

E. 同样的流程稍加调整之后教师也可以应用：在思考教学以及带领班级的计划时，哪些事情你认为自己一定要确保做到？或者，哪些是一定要避免的？

对话范例：

在被问到"最难忘的观察"涉及的问题时，斯科特的回应如下：

"作为家里的长子，我不得不努力达到父母的期待。

我必须在所有方面都表现优异，却不能得到自己想要的东西。我的父亲受教育程度不高，家里的生活比较拮据。父母总是在吵架，后来在我上大学的时候，他们终于离婚了。我在心里告诉自己，我绝不会让我的孩子承受贫穷和父母离异造成的伤痛。"

在过度补偿的影响下，斯科特可能成为一位完美主义的父亲以及家庭的经济支柱。他避免沦为失败者的渴望之后会转化为吃苦耐劳的工作准则，以及具有保护倾向却又对孩子严格要求的教养方式。

◎工具 19：收集早期回忆

原理：

记忆不等于经历汇报。个体在回忆经历时会有一种历历在目的感觉。记忆的存在就像小小的人生课堂，指引着个体对生活挑战做出决定。个体对这些选定事件的诠释会一直提醒着他／她参与人生的目标和限制。早期回忆活动揭示的是个体对自己、他人和世界的主观认知，以及他／她的道德信念和行动计划。

目的：

1. 为收集早期学校回忆提供对话指引。

2. 为收集早期生涯回忆提供对话指引。

3. 收集早期回忆，可用于理解个体对学校、工作和家庭的主观认识。

推荐阅读：

• 本书第四、六、十章

• Milliren, A. P. & Wingett, W. (2005, January). *Socratic questioning: The art of precision guess work*. Workshop presented at Chicago Adlerian Society, Chicago, IL.[22]

使用说明：

A. 一般的早期回忆：

尽可能详尽地记录两则关于早期回忆的记忆。每一则早期回忆的记忆都是发生在儿童阶段早期的特定事件。

B. 学校生活：

• 回想从幼儿园到小学二年级这个阶段，你对学校生活最喜欢的地方是什么？学校生活是指从出门去上学的那一刻起，直到放学回到家为止。

22　直译为《苏格拉底式提问：精确猜测的艺术》，2005 年 1 月发布于芝加哥阿德勒心理学会工作坊。——译者注

- 对于学校生活，我最喜欢的是……

- 关于学校生活的这一特定部分，我喜欢的三到五件事是……

- 使用摘要的方式 (如表 10.7 所示) 为个体建立一份优势档案。

- 使用该档案帮助老师、父母和学生理解他们的信念，并在家庭或学校运用这些资产和优势解决问题。可以使用这样的问题来转化："你如何运用这里的一些优势处理你现在面临的某个挑战？"

C. 早期职业生涯回忆：

- 放松，回想尽可能小的时候与职业或工作有关的一个回忆，可以是和父母的职业相关的回忆，或者是任何一个你认为与工作有关的早期回忆。尝试聚焦某个特定的回忆，让自己沉浸在那些细节中，然后将这个回忆写下来。

- 体验回忆中的特定元素，包括伴随其中的情绪和身体感觉。尽可能详尽地记录这些细节。

- 像拍照一样定格回忆中最重要的某个部分或场景，描述这个定格的画面，可以结合某个情绪性工作以呈现该画面造成的影响。

- 花一些时间仔细回顾刚才的职业生涯回忆，尝试发现其中显而易见的基于部分事实的虚构想法。使用以下示例作为指引，把你的想法写下来。

－过度笼统的概括。比如：别人都是有敌意的。

－错误或不可能的安全感目标。比如：我必须取悦所有人。

－对人生及生活要求的错误认识。比如：人生真是太艰难了。

－轻视或否认个人价值。比如：我太笨了。

－错误的价值观。比如：哪怕踩着别人往上爬，也要争当第一。

D. 关于未来的回忆：

● 回想你儿时的幻想。如果梦想成真的话，你会成为什么样的人？

● 你听到其他人说你长大后会是或者会成为什么样的人？

E. 一些用于解读早期回忆的技术：

● 标题技术。将早期回忆看作报纸上的一则短篇故事。用一句话作为这个故事的标题，以体现故事精髓，或者逻辑概括。一个有帮助的做法是，用以下一个或多个句子作为标题的开头：生活是……，人们是……，我是……。

● 这个问题是如何解决的？

- 对方是前进还是退缩?

- 孤身一人，还是和其他人一起?

- 被纵容?

- 给予还是接受?

- 记忆中的人物具有原型的意义。"父亲"可能代表着"男人"或"权威人物"，而未必真正指个体在现实生活中的父亲。了解对方关于男性和女性角色的看法。

- 关于让人起起伏伏的情形或环境，个体的看法是什么?

- 个体如何运用情绪?

- 令个体快乐或不快乐的事情是什么?

- 他 / 她是采取行动的人，还是被动接受行动后果的人?

- 他 / 她的态度是证实、质疑、接受、感到无力，还是反抗?

- 他 / 她的反抗是公开的还是私下的?

- 他 / 她是否尝试改善这一情境，或者抱有其他更为明显的动机?

- 看一看控制问题。是谁或者是什么在掌控着这一情境? 他 / 她是否在努力防止生活失控?

- 他 / 她是否认真专注于细节? (这是一条职业线索，也是个体最鲜明的心理状况的体现。）

• 他 / 她是行动者还是观察者？

• 弟弟妹妹的出生可能意味着手足竞争，或者自己的地位被取代。（个体在回忆中的行为代表着他 / 她在弟弟妹妹出生之后遵循的发展方向。）

• 第一次上学的经历可以体现个体如何看待并接触"外面的"世界。

• 生活或其他人呈现给个体的障碍是什么？

• 关于不当行为的回忆，往往暗示着我们决心要避免的行为。

• 什么是个体所认为的成功和失败？他 / 她所经营的私人世界是什么样的？记住，早期回忆中出现的信念，会形成个人的一套生活规则。

表 10.7　早期回忆和学校生活摘要

资产和优势	指标 / 标志	资产和优势	指标 / 标志

多元智能

语言	数学	身体	图像
音乐	自然	自我	人际

人生任务

工作 / 游戏			
自我照顾 / 自信			
家庭 / 朋友 / 社会群体			
亲密关系			
精神性 / 哲学价值观			

◎工具 20：只相信动向

原理：

阿尔弗雷德·阿德勒相信，个体能够以创造性的力量追求从"感觉上的减号"走向"感知上的加号"。德雷克斯发现了不当行为背后的四种目标：获得关注、权力之争、报复和表现出能力不足。其实，这四种目标都是"感觉上的减号"的表现形式。要协助采取不当行为的气馁个体发展勇气，即需要超越行为本身，重新调整个体的方向和态度，从"感觉上的减号"走向"感知上的加号"。

目的：

1. 识别"感觉上的减号"与不当行为目标之间的关联。

2. 激发并鼓励个体发展有助于带来"感知上的加号"的想法，还可以将这一步包含在某个行动计划里。

推荐阅读：

• 本书第六章

• Milliren, A., Clemmer, F., Wingett, W. & Testerment, T. (2006). *The movement from "felt minus" to "perceived plus": Understanding Alder's concept of inferiority.* In S. Slavik & J. Carlson (Eds.) *Readings in the theory of individual psychology* (pp. 351-363). New York: Routledge/Taylor & Francis Group.[23]

使用说明：

A. 认真倾听个体讲述自己不当行为的整个过程。寻找与"感觉上的减号"有关的陈述或想法。

B. 使用表 10.8 识别某个不当行为的目标。使用图 10.1 评估个体的生命动向。

C. 协助个体发展与"感知上的加号"有关的陈述。

23　直译为《从"感觉上的减号"到"感知上的加号"的动向：理解阿德勒的自卑感概念》，收录于《个体心理学理论解读》。——译者注

D. 评估气馁、恐惧或"感觉上的减号"的程度。

E. 使用 11 项问句和 7 个开端话题 (工具15) 进行优势评估。

F. 鼓励个体运用这些优势发展说"是"的人生态度，并以此作为生命动向的指引。

G. 留意个体是否过度使用了自己的优势，又或者使用不足 (例如过度补偿或补偿不足)。使用图 10.1 描述个体的人生态度。

H. 遵循"动机量表"的步骤 (如图 10.7 所示)，带着鼓励，帮助个体制订一份行动计划，以支持对方朝着"感知上的加号"前进。

表 10.8　从"感觉上的减号"到"感知上的加号"		
不当行为的目标	**感觉上的减号**	**感知上的加号**
获得关注	我想让其他人注意到我。	我可以关注并鼓励他人的积极行为。
权力之争	我想让别人知道，谁也不能指使我，或者告诉我该做什么。	我可以和其他人一起，以对世界有益的方式合作解决问题。
报复	我想伤害别人，让他们也像我一样受伤。	我知道可以在什么时候、以何种方式与他人共情。
表现出能力不足	我已经放弃自己了，我想让其他人都别管我。	我可以鼓励自己，也可以接受他人的鼓励。

-----0-------1-------2-------3-------4-------5-------6-------7------8-----

感觉上的减号　　　　　　　　　　　感知上的加号

动机

使用 1—8（+/-）的量表，选择几个对你来说有挑战的情形或关系，你此刻处于哪个位置？你需要做些什么就可以向前移动一两格？

＿＿＿＿＿＿＿＿＿＿＿＿＿＿＿＿＿＿＿＿＿＿＿＿＿＿＿＿＿＿

＿＿＿＿＿＿＿＿＿＿＿＿＿＿＿＿＿＿＿＿＿＿＿＿＿＿＿＿＿＿

＿＿＿＿＿＿＿＿＿＿＿＿＿＿＿＿＿＿＿＿＿＿＿＿＿＿＿＿＿＿

图10.7 动机量表 [资料来源：改编自Milliren, A. P. & Wingett, W. (2005, January). Socratic questioning: The art of precision guess work. Workshop presented at Chicago Adlerian Society, Chicago, IL.]

◎工具21：向上／向下／并肩前行：平等的关系

原理：

关系不仅是一方对另一方的协助，还拥有扩增性。扩增即提升、扩大和扩展。积极的关系唯有在积极正向、充满鼓励的氛围中才能得到滋养。不管是何种情况，关系似乎都是可衡量的，从家长式作风，到操纵性或者可能是强制性的、协助的、扩增的，再到彼此协同成长。我们可以用关系衡量表描述一段关系的发展阶段，从意图控制或强行限制他人的行为（直接或间接地），到一方促成另一方的成长，再到两个平等个体之间的关系。所有关系都具有横向特征。横向关系即平等个体之间的关系，我们可以合作、协同，并肩成长。

目的：

1. 使用关系衡量表帮助个体理解关系中的双方可以带给彼此的问题和承诺。

2. 理解自己在关系中如何为对方提供利于成长的情境。

推荐阅读：

• 本书第五章

• Milliren, A. (in press). *Relationship: Musings on the ups, downs, and the side-by-sides.* In D. Eckstein (Ed.), *Relationship repair: Activities for counselors working with couples.* EI Cajon, CA: National Science Press.[24]

使用说明：

A. 邀请每个人在下列关系衡量表中标出他 / 她认为自己的关系正处于哪个阶段。借助表 10.9 的自述内容进行评估。

家长式作风 （父性 / 母性的）	操纵的 / 强制的	协助的	扩增的	彼此协同成长
*	*	*	*	*

24　直译为《关系：关于向上、向下及并肩前行的思考》，收录于《关系修复：心理咨询师用于亲密关系的活动》。——译者注

B. 双方如何调整自己的行为，从而维护或提升另一方的自尊？

C. 经由做真实的自己，关系中的双方如何唤醒、激发及认可彼此的资源？

D. 双方可以各自做出哪些努力，以维持接纳和开放的氛围，进而激发关系中的勇气、信任和爱？

E. 双方如何保持聚焦当下，接受自己、另一方及情境在此时此刻的体验？

F. 双方如何实践"不完美的勇气"，认识到自己不可能始终符合种种期待？

G. 如果"我能表现得像我可以和他人平等相处一样"，那么事实上我就有能力做到。

表10.9　关系的不同阶段	
阶段	**自我叙述**
家长式作风（父性或母性的）	对我来说，这一阶段的困难在于，所有努力都是指向他人的，而且，虽然看似高尚，却可能否定了相互促进（？）成长的过程。更何况，这里面可能暗藏着某些微妙的操纵行为。
操纵的／强制的	我要如何让他／她完成我想要的事情？虽然我自认为一切尽在掌控之中，但对方始终处于只能说"不"的位置。

续表

协助的	控制的焦点在我身上。我愿意成为对方成长的催化剂，有点像是对方人生旅途中的一个伙伴。
扩增的	我只能让自己成长……在这个过程中，其他人也许会通过我开始探索他们自己的成长历程。因此，我只能起到扩增作用，但我无法让别人改变，或者让这个过程发生。
彼此协同成长	"协同"一词具有共进退的意味，也就是合作努力的意思。如果我成长，你也将一同成长。

◎工具22：一路向前

原理：

根据美洲的本土哲学，归属、掌控、独立和慷慨是自我价值的四大基石。这四个要素组成的圆圈是生命之轮的象征。我们可以走向其中任何一个方向和路径，也可以从中获得同等重要的人生经验，圆圈的每个轮辐都是通往真实、平静与和谐的道路。

目的：

1.使用美洲本土哲学中"勇气圈"的框架增加自我理解。

2.结合我们在每条路上遇到的问题，看见精神归属感与成长目标之间的相互关联。

3. 以酗酒者的康复为例，展示勇气圈的应用。

推荐阅读：

• 本书第九章

• Brendtro,L.,Brokenleg, M., & Bockern, S. V. (1992). *Reclaiming youth at risk: Our hope for the future.* Bloomington, IN: National Educational Service.[25]

使用说明：

A. 熟悉图 10.8 （也可参见表 10.10），这是美洲本土哲学的"勇气圈"模型，在圆圈的东南西北四个方向都有对应的文字描述。

B. 想象你正在从南向北走，或者从东向西走，你觉得自己会遇到哪些问题？

C. 这些问题可以带给你什么机会？

D. 你从这些观察中可以得出什么成长目标？

E. 圆圈里面的三角形象征着数十年以来的嗜酒者互诚协会 (A.A.)。圆圈代表 A.A. 的全部世界，三角形则代表

---

25 直译为《挽救边缘青少年：未来的希望》。——译者注

图10.8　勇气圈

A.A.的宝贵传统：康复、团结和服务。个体不再孤立地面对酗酒问题，而是能够在共同体感觉中获得自由，这种共同体感觉既存在于协会成员的无条件接纳和帮助中，也存在于个体为其他酗酒者提供服务的过程中。使用上述四个步骤练习酗酒康复的过程。

表 10.10　问题即机会

目标	问题	优势
归属	疏离	联结
	不信任	信任
	退缩	温暖
	冷漠	友谊
	敌对	合作
	排斥	接纳
独立	不负责任	自主性
	不可靠	责任感
	反叛	坚定
	容易被误导	自信
	鲁莽	自我控制
	无助	乐观

慷慨	自私	利他
	不尊重	尊重
	无动于衷	友好
	怨恨	同理心
	报复	宽容
	空虚	目的
掌控	无能	成就感
	不胜任	天赋
	毫无兴趣	专注
	困惑	理解力
	混乱	组织力
	挫败	积极应对

资料来源：Brendtro, L., Brokenleg, M., & Bockern, S. V. (1992). *Reclaiming youth at risk: Our hope for the future*. Bloomington, IN: National Educational Service.

附录

表 A10.1　以正向积极的态度取代负向消极的态度

轻松： 取代压力、紧张、负担和焦虑等痛苦的感受。这些负向感受源自右侧因素。	● 绝望感。 ● 害怕失败。 ● 害怕自己不值得成功。 ● 没有人想要施加伤害，却体会到了受伤害的感觉。 ● 因为无能为力和无处可去而感受到一种无力的愤怒。 ● 对自己的愤怒感到愤怒，这是一种不接纳的心理状态。 ● 基于不恰当的态度应对生活的旧有方式造成的压力、紧张和负担，使得事情事倍功半。
正向掌控： 取代 失控感与消极、破坏性的控制。	● 控制情形。 ● 控制自己。 ● 控制人生。
身份认同： 取代依照他人的评价而扮演的角色，比如讨好者、超级负责的孩子、叛逆者等。	● 使用自己的语言，而非他人的脚本。 ● 不是你从儿童时期就开始扮演的角色。 ● "我知道自己是谁，我是刚刚完成了那门人生功课的人！"
成熟： 取代不成熟的感觉。	● 我已经是成年人了，正在做成长必须完成的事情。 ● 我不是在扮演小时候形成的角色。
归属感： 取代没有归属的感觉。	● 我是人类整体的一分子。 ● 我属于我自己。 ● 无论身处哪里，我都有归属感。

安全感：取代不安全的感觉。	• 我的安全感并不取决于物质因素或其他人。 • 我的安全感并非来自虚假的理想主义。 • 我的安全感来自我的内在。 • 我有一种出自内在的安全感。
信任：取代对自己和他人的不信任。	• 我可以相信人类同胞。我对他们的信任不必做到完美。我不需要预测我的信任是否会遭到背叛，也不需要想方设法防止背叛的发生（那是消极控制。）。 • 即便我会犯错且不完美，但我仍然相信自己。如果我犯错了，就从中学习，并且不再重蹈覆辙。
平等：取代自卑和不够好的感觉。	• 我不比其他人优越或卑微。 • 我根本不需要证明自己是平等的。没什么好证明的。 • 我没有必要过度补偿，那只会让事情更糟糕。那只是一种自我施加的善意，原是为了减轻自卑的痛苦。我已经不需要它了。

解放： 取代受困的感觉。	● 我已经从童年恐惧中解放出来了。 ● 我已经从童年时期对自己、他人和生活的错误观念中解放出来了。 ● 我已经让自己摆脱了旧有错误态度的束缚。我拥有完成人生功课的勇气。 ● 没有其他人可以解放我。我将继续解放我自己。
独立： 取代依赖的感觉。	● 我有能力自食其力。 ● 我可以在平等和相互依存的人际关系中与其他人自由地合作。 ● 我相信自己的判断。 ● 我认可自己的成功。
成就感： 取代赢不了的失落感。	● 我做到了！我在现实世界让它发生了。 ● 我做得并不完美，但我已做得足够好。
成功： 取代失败的感觉。	● 我终究会成功。 ● 我值得成功。这是我赢得的。 ● 成功并非苦心经营，而是水到渠成。 ● 成功不是为了证明自己，而是遵从内心本然的意愿。

信心： 取代自我怀疑。	● 我已经做过一次，我还可以再来一遍，没那么难。 ● 我有权利相信自己的判断，并且发自内心地相信自己。
勇气： 取代气馁。	● 勇气就是愿意冒险。 ● 我冒过险了，我是有勇气的。 ● 我知道如果不能成功，我会伤心，但我不会像小时候那样伤得那么重。这并不是什么世界末日，我不会因此责怪自己。 ● 我没有等着勇气到来，我径直向前放手一搏，勇气是随之而来的。
恰当的责任感： 取代过多或过少的责任感。	● 我不会过度承担责任。 ● 我也不会临阵脱逃。 ● 我为自己承担相应的责任。 ● 我允许他人也有同等权利。 ● 我已经准备好作为平等的个体与他人共同承担责任。
选择权： 取代以旧有的态度和角色对情形做出反应。	● 我并没有无能为力或失去控制。我有选择的权利，我选择去做自己的人生功课。 ● 我依照成年人的判断力做出了那个选择。它并不完美，也无须完美。它已经足够好了，它让事情得以完成。

相信自己的判断： 取代对自己的判断心存怀疑。	● 我决定去做自己的人生功课，那真是一个相当不错的决定。 ● 我可以相信自己的判断。它并不完美，但它足够好。如果我做错了，我可以从中学习。 ● 我正在运用自己的判断力决定哪些冒险是值得的。
足够好： 取代自卑感。	● 足够好就是像我现在这样好。 ● 我不需要比此时此刻更好。但如果明天我还是变得更好了，那也不错。
积极主动： 取代被动反应。	● 我正在基于现实情形独立运作。 ● 我并没有针对任何人，我以恰当的立场支持自己。 ● 我运用自己的判断，代表自己采取积极正向的行动。
更充足的能量： 我的能量不会再消耗在对自己生气或自我轻视上。	● 我不会再因为内在冲突而停滞不前了。 ● 我不会把自己的能量消耗在对抗本就不该有的负向态度和情绪上。 ● 一旦我的能量从控制旧有的态度中释放出来，我就会感受到自由，可以自在地迎接生活，并做到自己的最好。 ● 我值得通过有益且有效的方式运用这种新能量，从而让自己幸福。

宽恕： 取代怨恨。	• 我现在可以自由地选择宽恕他人，让我对他们的愤怒随风而去。 • 这不是为了他们，而是为了我自己！ • 他们不必知道我已经原谅了他们。我可以自行选择要不要告诉他们。 • 当我放下愤怒时，我也是在放下因抑郁、焦虑、挫败、强迫思考和自我怀疑而承受的痛苦。 • 我已经长大，不再担任受害者、牺牲者或没有感情的漠视者的角色。 • 我已经以成年人的判断力，用成熟的身份认同取代那些角色。
意义感： 取代无意义的感觉。	• 我选择赋予生命意义，并用它取代无意义的感觉（自卑、没有价值、没有归属，以及其他自我轻视的感知）。 • 我已经停止活在他人的评价里，并开始按照自己的决定过恰如其分的生活。 • 我能够自由自在地迎接生活，并做到自己的最好。

社会兴趣：取代以自我为中心。	• 我是人类的一分子，所以自然可以对其他生命的福祉抱有恰当的关怀。 • 我既不会帮倒忙，也不是失败者，我可以自由地对力所能及的事情承担恰如其分的责任，从而让生活更美好，而非更糟糕。 • 我已经放下只为自己谋利的意图，并代之以为他人考虑的真心，去做现实需要我做的事情。 • 我不需要做到完美，只要足够好地完成工作即可。 • 我不再受困于自己对他人、世界或自我的错误认知，旧有态度不再是我的阻碍。我可以更清晰地看见现实真正的样子。我理解它需要我做什么。我感觉自己已经做好了充分的准备。
平和的心境：取代混乱、焦虑和不安。	• 我可以与自己和平共处。 • 我可以自由地与当下的其他人和平共处。 • 我可以卸下防御，反正它不必再防御任何事情了。 • 我可以顺其自然。

资料来源：基于梅塞尔的自我对话活动"人生功课报告"（Debriefing Homework）。

表 A10.2 品质的要素和定向反映示例

接纳令人不愉快的现实：无论发生什么都尽力而为。	• 能够处理发生在生活中的这一切，你的感觉很好。 • 虽然有些事情一直棘手，但你能够坚定地一路坚持下来。 • 虽然诸多事情进展不顺，但你依然为自己的处理方式和状态感到满意。 • 所以，你的能力感很强。即使面对再糟糕的情形，你也能尽力而为。 • 这会让你的状态非常好。你已经学会了苦中作乐，能够将生活给你的酸柠檬变成酸甜可口的柠檬汁。
成就感：能够看见自己的成绩，懂得当下已经足够好了。	• 你做到了！你让这件事在现实生活中发生了。 • 虽然结果并不完美，但是知道它已经足够好，也是一件很美好的事。 • 你已经做到了自己的最好，这个结果也已经足够好，这一定让你感到非常自豪。 • 哇！你真的做到了！你知道你可以的！
亲和力：愿意走近寻求帮助的人们。	• 我注意到你非常关心他人。当别人需要你的时候，你对此一定感觉不错。 • 你的行为举止友好，让人感觉亲切，愿意走近你。这一定让你对自己很满意。 • 你是一位不错的朋友，很高兴我知道这一点。 • 当你像那样站在别人身边提供支持的时候，你一定感觉自己非常强大而且可靠。

恰当的愤怒： 能够通过成熟／负责任的方式表达合理的怒气。	● 你能够恰当地表达自己的愤怒，这真的很厉害。 ● 你能够把自己感到愤怒的原因告诉他们，你一定感觉很自豪。 ● 我看到你能够把愤怒转化为积极的能量。能够做到这一切，感觉一定很好。 ● 你现在一定非常冷静。你通过平静且有效的方式表达了自己的困扰。 ● 你能够表达自己的不满，同时又避免了一股脑儿地发泄，你一定对此感觉很好。
恰如其分的责任感： 承担与情形相对应的责任。	● 你已经处理得很好了，同时，也要让他们为自己负责。 ● 你看多好？你已经为自己的部分承担了责任，当下已经足够了。 ● 你能够承担责任又不至于接管责任，这样真好。 ● 能够做出足够的贡献，你对此感觉很好。
归属感： 感觉到自己是立足人类共同体的一分子。	● 能够参与到事情当中，你感觉很好。 ● 融入和归属的感觉很好。 ● 能够感受到自己被接纳、有归属感，这种感觉很好。 ● 归属的感觉很不错。你知道自己和所有人一样有权属于这里。

信心： 感觉自己已经做好准备迎接生活中的起起伏伏。	• 你做到了！如果需要，你也可以再做一次。 • 知道自己可以兵来将挡水来土掩，这种感觉真好。 • 知道自己有能力取得成功，这种感觉很有力量。 • 知道自己有能力处理问题，这种感觉很有力量。
感恩： 看见并珍惜自己的福气。	• 知道你可以关注积极正向的事情，这样真好。 • 知道自己擅长从发生的事情中看到积极的一面，你一定感觉很有掌控感。 • 有一段时间你也许感觉有些低落，但是现在你知道自己可以聚焦积极的方面了。 • 你可以看见并感激生活中一切美好的事情，你一定感觉自己很不错。
勇气： 知道哪些冒险是必须的，哪些不是。	• 这次你冒险尝试，而且有勇气看看会发生什么。 • 你知道哪些冒险是值得的，哪些不是。 • 做自己必须做的事，而不必忧心忡忡，这一定让你感觉自己非常勇敢。 • 有些事情会有点吓人，但你从不害怕尝试。 • 你能够非常勇敢地做出恰当的决定，即便你知道这并不容易。

追求成功的勇气： 能够冒险追求成功，并为了成功的结果坚持下去。	• 你现在感觉非常成功。敢于尝试的背后是冒险做些什么的意愿，这正是你做到的。 • 当你做一些新的尝试，却不知道会有什么结果的时候，你一定感觉自己非常勇敢。 • 当你像那样冒险的时候，看见事情进展顺利，这种感觉相当不错。 • 能够坚持住并愿意再试一次，你应该对自己感到骄傲。 • 你做到了！现在你可以享受这份成功了。
平等： 作为平等的个体行为处事，既不感觉自卑，也不感觉优越。	• 你不比任何人更优越或卑微。 • 不必证明自己和别人是平等的，这种感觉非常棒。
身份认同： 做自己，自在地处理关系。	• 不再觉得自己必须扮演某个角色，这样真好。 • 按照自己的想法生活，而不依赖别人的评价，这样真好。 • 当你能够活出自己的人生时，感觉非常好。 • 只是做自己，这种感觉太美好了。
保持对现实的觉知： 客观且恰当地感知这个世界。	• 你正在很好地发展自己的世界观，它让一切都更有意义。 • 能够认识到自己的计划不可行，但你又想到了一个新的甚至更好的计划，我相信这种感觉一定很好。

独立： 不再受限于依赖他人的存在。	• 能够真正自由地做出自己的决定，你对此感觉很好。 • 此刻你感觉自己非常独立，你正在活出自己的人生。 • 能够认可自己的成功，这是一种美好的感觉。
智性的自尊： 在当下觉得自己足够机智。	• 知道自己足够聪明，能够处理这个问题，这样很好。 • 你对自己处理新问题的能力感到自信。 • 这对你来说是一种很强烈的自我尊重的感觉。现在你知道了自己需要知道的是什么。
不易受诱惑： 不必付诸于恶意或自我伤害的行为。	• 做真实的自己就好，不必成为别人希望的样子。 • 你在困境中做出了明智的选择，感觉你非常强大。 • 你需要感觉到自己能够掌控一切，不需要通过邪恶的方式引起注意。 • 知道自己是有选择的，而且可以为自己选择最好的行动，这难道不是一种力量感吗？ • 做好自己，就是这么干脆。你不必为自我的修复去激怒别人。

自由：既不是叛逆者，也不是受害者，而是可以建设性地解决问题。	● 太好了，你没有被自己曾经关于他人（或某件事）的信念困住。 ● 只要尽力而为，这就是自由。
活在当下：能够在此刻的真实世界里履行职责。	● 当你能够一路向前，并让一些事情得以发生的时候，这种感觉很好。 ● 你没有一味地坐在那里等待最佳时机，而是立刻采取行动。
可爱：拥有爱和被爱的能力。	● 你刚才做的就像是给自己一个拥抱，告诉自己一切都很好。 ● 能够自在地享受爱和被爱，我相信这一定很有安全感。 ● 有人在爱着你，你也可以自由地爱对方，这种感觉太棒了。 ● 敞开心扉，让爱自由流动，这种感觉真是美好。
成熟：处于与自己的年龄相当的发展阶段。	● 当你为自己做出恰当的决定时，你会感觉自己成长了。 ● 能力感是成长的重要部分，就像你现在这样。 ● 能够独立面对自己的需求，而不必依赖他人，这种感觉真好。

积极的关怀： 可以自由地积极关怀同胞。	• 你和其他人都是平等的个体——不卑微，也不优越。 • 相信人类和人类精神，不是很好吗？ • 看起来你能够理解他人的观点，也尊重他们发表观点的权利。这是一种很棒的感觉。 • 当你从他人身上看见美好之处时，你的内在也会感受到一种美好。
力量和掌控： 有能力让积极的事情发生。	• 你对自己感到骄傲。你做得很好，并且控制住了局势。 • 哇！你一定可以感受到强烈的掌控感。你掌控着自己，而且让事情朝着对每个人都更好的方向发展。 • 那对你来说真的很有力量。你让事情有了转机，而且对大家来说都是好事。
选择的力量： 有能力做出选择，并接受选择带来的结果。	• 你选择做自己必须要做的事，并接受事情的结果。这一定让你感到自己很有能力。 • 能够认识到你的行动带来的结果，并接受这些结果，这一定是一种很有力量的感觉。 • 对自己做出的选择，你感觉很不错。 • 当你发现你是有选择的，可以选择自己的行为，你就会对自己及人生产生强烈的掌控感。

轻松：从不得不证明自己的压力、紧张和痛苦中解脱出来。	● 只是做自己就可以，知道这一点真好。 ● 知道自己本自具足，这种感觉真的很轻松。 ● 你本来就很好，知道这一点真好。 ● 你一定感觉很放松。你不需要再戴着面具证明自己是什么样的人了。
不被负罪感所困：感受到正向的懊悔，能够在需要的时候做出弥补。	● 这是一个健康的空间——你可以修复问题，然后继续前行，而不必忧心忡忡。 ● 你完全不需要有负罪感——你犯了一个错误，但你还可以修复问题，然后继续前行。 ● 覆水难收确实让人难过。而你愿意为自己的言行道歉，然后继续你的生活。 ● 能够做出弥补并为自己的行为承担起责任，这让你感到释然。 ● 能够原谅自己，这种感觉很好。你可以选择要么修复，要么接受，你知道一切都会好起来的。

不被恐惧和焦虑所困： 积极地看待未来，顺其自然地面对生活。	• 在事情发生的时候，你可以兵来将挡水来土掩，并且持有积极的态度。这对你来说真的很有帮助。 • 你可以恰当地处理问题，而不是自动反应，你对此感觉很好。 • 你可以顺其自然地面对生活，迎接生活。 • 你感觉自己很有资源。无论发生什么，你都不必担忧，你有充足的方法可以处理这些问题。
安全感： 相信自己有能力应对生活中的起起伏伏。	• 你对自己以及自己处理问题的能力都感觉很不错。 • 接受生活中的挑战，知道自己有能力应对，这让你的内在很有安全感。
达成合作： 能够与他人在相互尊重的氛围中一起努力。	• 能够让大家齐心协力去做必须要做的事情，这对你来说是个不错的进展。 • 能够认识到你已经参与其中，协助大家一起努力，这种感觉一定很好。 • 能够成为团队（家庭）活动和项目的一部分，这种感觉很不错。
自我接纳： 对自己本真的样子感觉足够好。"即便会犯错且不完美，依然感觉自己是有价值的个体。"	• 就像你现在这样好——这样就足够好。 • 你觉得自己现在很好，这就足够了。 • 你不必非要比现在更好，你对此感觉还不错。

自我尊重：能够和他人平等相处，并对社会群体做出积极的贡献。	● 你现在这样很好，在施与受的基础上尊重他人，也尊重自己做的贡献。 ● 能够看见自己和他人的价值，这一定让你感觉非常自在。 ● 对自己平等待人的方式，你一定感觉很不错。 ● 你对自己相当满意。你知道自己是谁，去往何方，也知道这一路要如何帮助他人。
平静：与自己和平相处，也能够自由地与身边的人和平相处。	● 当你不必保持防御的时候，这种感觉真的很轻松。 ● 内心宁静的感觉非常美妙。 ● 只是做自己，你对此感觉很自在。
成功：拥有可以自由成功且享受成功的感觉。	● 你实现了自己的目标。 ● 你可以自由地按照自己的方式取得成功，而不必通过成功证明自己。
对痛苦或失望的忍耐：顺其自然地接受生活，不必绝望。	● 即使某一天（某一时刻）你过得很不顺利，你的乐观依然会穿透乌云照进来。 ● 我注意到你在身处逆境时依然面带微笑。能够顺其自然地接受生活，这种感觉一定很好。 ● 虽然你此刻很难过，但也要知道，你已经尽力做到最好，如果愿意的话，你还可以再来一次。 ● 虽然你很失望，但是你知道如何兵来将挡。

续表

信任：相信自己，同时辨识值得信任的人。	● 能够信任他人，是一种不错的感觉。 ● 你感到失望，但即使他们辜负了你，你依然可以做出其他选择。
相信个人的判断： 抱持开放态度，从体验中学习。	● 你决定面对这一人生功课，事实证明这是个不错的选择。 ● 现在你知道了，你完全可以相信自己的判断。
无私： 拥有奉献自己的自由。	● 对他人的同情心一定也让你的内在感觉不错。 ● 分享经历的过程会带来美好的感觉——它真的可以帮助到某些团体成员。 ● 只是给予而不期待回报，这种感觉很好。 ● 在你愿意的时候奉献自己，并让他人享受你的给予，你非常享受这种感觉。

资料来源：品质要素基于 1995 年出版的 *The components of character*，Messer, M., pp. 29-40, Anger Institute: Chicago, IL.[1] 。定向反映的示例基于未出版的手稿 *"Reflections" on character*，Milliren, A., Messer, M. H., and Riives, J. (n.d.),.[2]

1　直译为《人类品格要素》。——译者注

2　直译为《品格"反映"》。——译者注

表 A10.3　十二种沟通障碍

障碍	表达示例
1. 命令、指使、要求：要求他人做某事，发出命令或指示。	● 我不在乎其他父母怎么做，你必须打扫院子。 ● 不许像那样对你妈妈说话！！ ● 现在，你立刻给我回去陪弟弟妹妹玩! ● 停止你的抱怨! ● （非语言的）将孩子推进他的房间。
2. 警告、威胁、承诺：告诉他人如果做某事会有什么后果，或者直接施加后果（奖励或惩罚）。	● 你要是真那么做，你会后悔的! ● 你要是再说一句，就给我出去! ● 如果你知道好歹，最好不要那么做! ● 你必须乖乖的，圣诞老人才会来。 ● 你先平静下来，我才会听你说。 ● （非语言的）体罚或奖励。
3. 道德说教、讲大道理、强调应该：援引含糊不清的外在权威作为应该接受的事实。	● 你不应该那样做。 ● 你应当这么做。 ● 孩子就应该尊重长辈。
4. 劝告、给予解决方案或建议：告诉他人如何解决某个问题，给予意见或建议，提供答案或解决方案。	● 你为什么不让弟弟妹妹都下来玩? ● 等几年再考虑上大学的事吧。 ● 我建议你去和老师们谈谈这件事。 ● 去和另外一些女孩们交朋友。

5. 教育、训斥、进行逻辑论证： 试图用事实、反论、逻辑、信息或自己的观点影响他人。	● 大学会成为你拥有过的最美好的体验。 ● 孩子必须学会怎么跟别人相处。 ● 让我们来看看关于大学毕业生的一些数据。 ● 孩子们需要学会承担家务，这样他们长大后才会成为负责任的成年人。 ● 从这个角度来看，你妈妈需要有人帮忙做家务。 ● 我在像你这么大的时候，要做的事情是你现在的两倍。
6. 评判、批评、反对、指责： 对他人进行负向的评判或评价。	● 你考虑得不够清楚。 ● 那是一个不成熟的观点。 ● 你真是大错特错了。 ● 我完全没办法同意你。
7. 表扬、同意： 提供正向的评判或评价、赞同、附和。	● 嗯，我觉得你很漂亮。 ● 你有能力做好。 ● 我想你是对的。 ● 我同意你。 ● 你一直都是好学生。 ● 我们一直都为你感到骄傲。

8. 辱骂、贴标签、刻板印象： 让他人感到愚蠢，把人归为某类，羞辱他人。	• 你真是个被宠坏的臭小子。 • 看这里，聪明鬼。 • 你表现得就像一头野兽。 • 好吧，小宝贝。
9. 诠释、分析、诊断： 告诉别人他们有什么动机，分析他们为什么有某些言行；向他们传递你完全看穿了他们，或者对他们进行了诊断。	• 你只不过是在嫉妒对方。 • 你之所以那么说，就是为了激怒我。 • 其实你根本一点儿都不相信。 • 你有那种感觉，是因为你在学校表现不好。
10. 安慰、同情、抚慰、支持： 试图让别人感觉好起来，劝说他们从自己的感受中走出来，试图让他们的情绪消失，否定他们的情绪蕴含的能量。	• 明天你就不会有这种感觉了。 • 所有孩子都会经历这种事情。 • 别担心，事情会解决的。 • 根据你的潜力，你会是一个好学生的。 • 我以前也会那么想。 • 我知道，上学有时候确实无聊。 • 你通常和其他孩子都相处得很好。

11. 打探、盘问、质问：试图找出理由、动机和成因；寻找更多信息以便你解决问题。	● 你从什么时候开始有这种感觉的？ ● 你为什么认定自己讨厌学校？ ● 这些孩子有没有告诉你，他们为什么不愿意和你一起玩？ ● 你和多少孩子聊过他们需要完成什么工作？ ● 是谁把这个想法灌输给你的？ ● 要是不上大学，你以后干什么？
12. 撤出、分心、讽刺、调侃、转移注意力、迂回：试图让他人逃避问题；让你自己从问题中撤出来；转移他人的注意力，通过玩笑的方式让他们从问题中走出来，把问题放在一边。	● 直接把它忘记吧。 ● 我们还是不要把它放到桌面上讨论了。 ● 得了吧，咱们还是聊一聊高兴的事情吧。 ● 你的篮球打得怎么样了？ ● 你为什么不放把火把学校烧掉？ ● 这件事早就已经过去了。

资料来源：L.E.罗森斯。

表 A10.4　希望工作表 #2-2

分离性情绪	家训或经文
示例：我无论如何都看不到前方。	柳暗花明又一村。
	"但那等候耶和华的，必重新得力。他们必如鹰展翅上腾；他们奔跑却不困倦，行走却不疲乏。"（以赛亚书 40:31）（NIV）

以下内容包含许多《圣经》引文，可以复制、放大或摘录到索引卡上，以便个体用于处理在面对人生挑战时出现的分离性情绪。这些经文还可以用于快速分类活动，即依照主题或类型加以分类。[1]

"因为神赐给我们，不是胆怯的心，乃是刚强、仁爱、谨守的心。"（提摩太后书 1:7）（KJV）	"但那等候耶和华的，必重新得力。他们必如鹰展翅上腾；他们奔跑却不困倦，行走却不疲乏。"（以赛亚书 40:31）（NIV）
"你们要将一切的忧虑卸给神，因为他顾念你们。"（彼得前书 5:7）（NIV）	"靠着赐我力量的那位，我凡事都能做。"（腓立比书 4:13）（NKJV）
"谁能使我们与基督的爱隔绝呢？难道是患难吗？是困苦吗？是逼迫吗？是饥饿吗？是赤身露体吗？是危险吗？是刀剑吗？"（罗马书 8:35）（NIV）	"因为我深信无论是死，是生，是天使，是掌权的，是有能的，是现在的事，是将来的事，是高处的，是低处的，是别的受造之物，都不能叫我们与上帝的爱隔绝；这爱是在我们的主基督耶稣里的。"（罗马书 8:38—39）（NIV）

"主耶和华的灵在我身上；因为耶和华用膏膏我，叫我传好信息给谦卑的人（或译：传福音给贫穷的人），差遣我医好伤心的人，报告被掳的得释放，被囚的出监牢。"（以赛亚书 61:1）（NIV）	"这样，我们就知道我们是属于真理的。即使我们的心责备我们，在神面前我们也可以心安理得。亲爱的弟兄啊，我们的心若不责备我们，就可以向神坦然无惧了。并且我们一切所求的，就从他得着，因为我们遵守他的命令，行他所喜悦的事。"（约翰一书 3:19—21）（NIV）
"盗贼来，无非要偷窃、杀害、毁坏；我来了，是要叫羊（或译：人）得生命，并且得的更丰盛。"（约翰福音 10:10）（NKJV）	"务要谨守、警醒，因为你们的仇敌魔鬼，如同吼叫的狮子，遍地游行，寻找可吞吃的人。你们要用坚固的信心抵挡他，因为知道你们在世上的众弟兄也是经历这样的苦难。"（彼得前书 5:8—9）（NIV）
"因他受的刑罚，我们得平安；因他受的鞭伤，我们得医治。"（以赛亚书 53:5）（NKJV）	"万军之耶和华说：不是倚靠势力，不是倚靠才能，乃是倚靠我的灵方能成事。"（撒迦利亚书 4:6）（NIV）

"你不要害怕，因为我与你同在；不要惊惶，因为我是你的神。我必坚固你，我必帮助你，我必用我公义的右手扶持你。"（以赛亚书 41:10）（NIV）	"凡为攻击你造成的器械必不利用；凡在审判时兴起用舌攻击你的，你必定他为有罪。这是耶和华仆人的产业，是他们从我所得的义。这是耶和华说的。"（以赛亚书 54:17）（NIV）
"但那等候耶和华的，必重新得力。他们必如鹰展翅上腾；他们奔跑却不困倦，行走却不疲乏。"（以赛亚书 40:31）（NIV）	"有人靠车，有人靠马，但我们要提到耶和华我们神的名。"（诗篇 20:7）（NIV）

注：KJV= 钦定版（King James Version）；NIV= 新国际版（New International Version）；NKJV= 新钦定版（New King James Version）

1 希望工作表 #2-2 中的经文部分改编自 *Free at Last！Using scriptural affirmation to replace self-defeating thoughts*，Sori, C., & McKinney, L. (2005)[3]。这篇文章收录于 *The therapist's notebook for integrating spirituality in counseling: Homework, handouts, and activities for use in psychotherapy*，K. B. Helmeke & C. F. Sori (Eds.), pp223-234. New York: Haworth Press.[4]

---

3 直译为《终获自由！使用经文取代自我挫败的想法》。——译者注

4 直译为《治疗师在心理咨询中整合灵性手册：用于心理治疗师的作业、资料和活动》。——译者注

跋

压伤的芦苇，他不折断；将残的灯火，他不吹灭。

——马太福音 12:20[1]

撰写本书的想法源自数年前，在一个大雪纷飞的早晨，茉莉亚突然心有所感：我们生活在一个充满挑战、令人气馁的世界，所有人都需要"勇气"。

在本书即将完成之际，我们见证了美国历史上一个变革性时刻：巴拉克·奥巴马当选为美国历史上第一位非洲裔总统；由于他卑微的成长环境，以及种族歧视倾向和种族迫害的历史，他本是最不被看好的候选人。在全球被怀疑和恐惧笼罩的形势下，美国人民展示了他们敢于想象、相信和改变的勇气。在获胜演讲中，奥巴马总统再次提到国家的真正力量来源于"我们理想的恒久力量：民主、自由、机会和不屈的希望"。面对前方漫长而艰辛的发展之路，他呼吁我们每个人更加努力地工作，不仅要照顾好自己，还要彼此关爱。"是的，我们能！"

这种共同体感觉以及说"是"的态度，正是治愈冷漠和敌意的良药。我们渴望归属于整体的一部分，而勇气是我们为了满足人类的生存和归属需求付诸的行动。当我们为自己和他人的福祉而正视所有的生活挑战时，勇气也为我们的生命注入了其他相关的资源和优势。美好的人生，或者幸福，并不是我们拥有的某样东西，而是一种身心健康的状态。当我们带着勇气接纳真实的当下，像"我们的行动可以让世界变得更美好"一样积极参与生活，我们最深层的渴望便可得到回应，这就是身心健康的状态。

令我们惊叹不已的是，个体心理学，作

为一门勇气心理学，能够帮助我们运用跨文化的古老智慧解决当代的问题。从实用性的角度来说，个体心理学本就是一套平常人的生活哲学，它为我们提供了许多切实可行的方法，支持我们在家庭、学校、工作和社会群体中获得真正的心理健康。

很高兴我们有此机会向大家介绍阿尔弗雷德·阿德勒，他的工作成果对人类的生活产生了深远的影响。他让我们理解了世界的运转和人类的需求，也让我们发现了生命的意义。我们衷心希望本书能够不受时空影响，对读者迈向自我发展和关怀他人的人生旅程有所助益。

致谢

当我们付出爱时，我们已在上帝心中。

——卡里·纪伯伦

信不信由你，在写这本关于勇气的书时，我们经历了很多恐惧！这个项目自有其使命，它的表达方式完全不同于我们以往学术性的写作风格，我们越写越发现自己有太多东西需要学习。不管怎样，我们还是选择冒险一试，所以，首先我们想要感谢与我们共享不完美勇气的读者朋友们。

感谢乔恩·卡尔森看到了这一主题的价值，并对我们联系出版社起到了至关重要的作用。感谢乔治亚、德布拉、大卫·H.、马里奥、V.女士和乔恩·R.在访谈、视频／音频录制以及文字记录方面为我们提供了很多实实在在的帮助。非常感激我们的编辑达纳·布利斯，哪怕是在进展滞后、交稿延期的情况下，他依然给予了我们莫大的耐心和许多温暖的支持。还要感谢同样来自劳特利奇出版社的克里斯·多米尼克为这本书的制作付出的辛苦工作。

本书的许多想法并非原创。感谢我们在阿德勒心理学领域的朋友们，比如韦斯特·W.、丹·E.、理查德·W.和埃里克·M.，以及东西方许多经典著作的作者们。我们要特别感谢米歇尔·A.、香农·D.、吉纳·G.、戴维·L.、辛蒂埃·C.、乔治亚·S.、唐纳·S.、玛丽·W.、莫妮卡·W.，他们的反思性叙述为本书做出了巨大贡献。尤其感谢每一位受访者教我们认识勇气的多面性，并且允许我们在书中分享他们真实的人生故事。

这本书真可谓一个社区项目，因为作者们要在不同的时间和地点深入世界各地旅行。正式的写作差不多开始于科罗拉多州白雪皑皑的布兰卡山的山峰下。书中的主要概念和许多激发勇气的工具都是我们在美国、中国以及斯洛伐克教学和带领工作坊的时候基于学习者的参与发展或优化出来的。来自伊利诺伊州长州立大学和中国台湾新竹教育大学心理咨询专业的学生和教职员工的支持和鼓励，对本书的付梓具有不可估量的价值。

我们对家人和朋友永远心存感恩，他们的存在启发我们看到博爱的实质。对于茱莉亚而言，用自己的第二语言写作并非易事。她的儿子林宏昌利用整个暑假帮助妈妈纠正中式英语，并且充分理解和尊重她的原创想法，对此茱莉亚始终心怀感激。同时，她也深深地感激女儿林宏美（乔伊·林），当妈妈远赴大洋彼岸进行创作并履行公休假期的职责时，女儿顺利完成了自己在高三最后几个月的学习。感谢张秋兰校长，一位灵魂伙伴，在茱莉亚离开的时候为了陪伴乔伊而请假暂停研究所的课程。拥抱麦克斯、X.和西德尼，在茱莉亚需要写作勇气的时候，它们忠实地陪伴在她脚边。

这本书的完成离不开作者们彼此之间基于独特的联结体现的爱。茱莉亚是艾伦在伊利诺伊州立大学研究生院的学生，许多被引用的书籍都是艾伦送给茱莉亚的毕业礼物，他了解这位学生的需求和抱负。艾伦经常带着茱莉亚驱车三个小时前往芝加哥阿德勒研究所（现在的芝加哥阿德勒职业心理学学校）。茱莉亚记得，彼时窗外传来的芝加哥交通管理局列车的噪声，永远抵不过艾伦和其他阿德勒心理学家们带领的开放式家庭论坛互动的美妙。在此后的几十年里，茱莉亚仍然赞叹于艾伦在苏格拉底式提问法、现场演示和脚本处理中不断更新的艺术。本书第三部分的很多工具其实都是对艾伦工作过程的实录，若是缺少了这个部分，读者们也就无法看到这些工具了。

马克发现了阿德勒带给嗜酒者互诚协会联合创始人比尔·W. 的影响，这一发现让人们再次认识到，社会群体和无条件的爱是如何将一个人的痛苦和怀疑转化为疗愈和康复的。在妻子因癌症离自己而去之后，马克在绝望中选择了生活，他为本书提供了关于希望的最真实讲述。作为合著者，马克孜孜不倦地为本书提供着评论和鼓励，这一切令茱莉亚备受鼓舞。在我们着手创作本书之际，茱莉亚和马克也携手开启了新的人生历程。他们于 2009 年 3 月 28 日举行了婚礼。他们相信是神的爱与恩典将他们紧紧联系在一起。带着勇气尽情畅想、尽情生活，其潜力无穷无尽！

和我们一起翻开这本书吧，探索生命之美妙！ Life is good！

注释

序

1. 阿德勒（1931/2003）。

2. 德雷克斯（1971/1994, xii）。

3. 社会群体价值的缺失与美国个人主义概念的歧义性理解息息相关。参考贝拉、马德逊、沙利文、斯威德勒以及蒂普顿的著作（1985 年）。

4. 梅（1977 年，第 7 页）。

5. 斯坦因编纂的阿德勒作品（未注明出版日期）。

6. "在阿德勒看来，我们需要鼓励'社会兴趣'的发展，进而构建一个强调和谐群体生活教育的社会。"这段话来自《优越与社会兴趣》一书的编辑们（阿德勒，1979 年，第 15 页），旨在感谢阿德勒创造了这门有益于心理健康的理论，并获得了越来越多的赞誉。

7. 格拉瑟（2005 年）认为，阿德勒的咨询模式符合公共心理健康模式，后者也强调心理健康教育和发展的重要性。传统的心理健康模式掺杂着名气和误诊的瑕疵，而且是以病理学为基础的。格拉瑟提倡心理健康专业人士（包括精神病学家、临床心理学家、社会工作者和咨询师们）用公共心理健康模式取代医学模式。

    阿德勒用以衡量心理健康的标准是社会兴趣。马斯洛发现，社会兴趣是唯一足以描述心理健康的词汇，其全意是"人类用以表达自我实现的感觉。总体来说，人类的这种感觉包括深层的认同感、同理心和喜爱之情，尽管偶尔也会有愤怒、不耐烦，或者厌恶……这些感觉有着真诚的助人愿望。它们就像来自同一个家庭的所有成员。"参考注释 6，第 15 页。

8. 布雷根（2008 年）。还可以参照第七章"工作中的共同体感觉：康复的勇气"部分。

9. 阿德勒最初认为性是两个不同性别的成年人之间的亲密行为。阅读第五章，了解更多关于同性别之爱的讨论。

10. 书中的叙述和思考主要来自我们利用两年时间在美国及其他国家进行的采访、录音以及文字记录。在这些访谈中，我们基本上是通过苏格拉底式提问法和早期记忆了解受访者在工作、爱、朋友和家庭生活方面的见解。

第一章

1. 这两个例子引自 *Philips*（2004 年），包含了非专业人士对勇气的定义。

2. 大约一个世纪以前，哲学家赫伯特撰写了一本与本书标题类似的著作：《关于勇气的心理学》（1918 年），主要讨论的是如何训练士兵的勇气。近年来，随着积极心理学的发展，勇气才开始作为一项美德被重视，专业人士也在试图透过实证与科学的测量促进人们对勇气的理解。还可以参阅伊万斯和怀特的合著（1981 年），以及普特南的著作（1997 年）。

3. W.R. 米勒（2000 年）。

4. R. 梅（1975 年，第 3 页）。

5. 莫兰（1987 年）。莫兰是英国首相温斯顿·丘吉尔的医生，基于战时的经历，他在《勇气的分析》一书中提到自己的观察：在战士身上可见，恐惧之后便是勇气的诞生以及勇气的运用。

6. 贝克（1997 年）。

7. 海因茨·安斯巴彻与妻子合作编纂的阿德勒著作（1979 年，第 8 页）。他们曾经指出存在主义心理学与个体心理学之间的相似之处，认为阿德勒影响了存在主义和人本主义心理学的诸多理论家，比如萨提尔、马斯洛、梅以及弗兰克，他们的一些观点与阿德勒一脉相承。他们还提到，存在主义心理学"将个体看作独特的存在，从根本上关心个体存在的意义，并提出解决生存议题的构思和计划"，从这个角度来看，存在主义是属于阿德勒心理学系统的。

梅（1977 年）将焦虑看作阿德勒提出的自卑感的概念。"感受"一词意味着个体看待自身缺点的主观态度。"针对焦虑的议题，阿德勒会问：它为什么目的服务？对焦虑的个体而言，焦虑的目的在于阻止下一项活动；它是个体想要退回到先前的安全状态的线索，因此焦虑是为逃避做决定和承担责任的动机服务。而阿德勒经常强调的是焦虑作为攻击性武器的功能，是一种用以支配他人的手段。"（第 155 页）在关于焦虑的哲学解释中，梅回溯斯宾诺莎（1632—1677）的观点，认为"恐惧从根本上来说是一种主观问题，即个体的心理状态或态度出了问题"（第 27 页）。

8. 阿德勒（2006 年，第 38 页）。

9. 迪克森和斯特拉诺关于自卑、自卑感和自卑情结之差异的讨论（2006 年）。

10. 根据米利伦、克莱默、温盖特和泰斯特芒的定义（2006 年，第 357 页）：

"个体心理学的一个核心概念：由个体的人生哲学、信念、独特的人生态度以及整体的人格特征构成的总和。生活风格代表着个体对早期生活经验的创造性回应，这些经验影响着个体对自己和世界的主观感知，因而也影响着他们的情绪、动机和行为。"（阿德勒，1931 年，第 239 页）

阿德勒（1979 年，第 69 页）观察到人类创造地运用社会生活经验的模式，并探讨了我们应对这些挑战的不同风格。他提到乐观主义、悲观主义、攻击型与防御型等基本态度（阿德勒，1927/1992）。阿德勒还讨论了四种气质类型：多血质、胆汁质、粘液质和抑郁质。这些概念后来被社会兴趣的四种活动类型取代：社会有用型、掌控型、索取型和回避型（阿德勒，1956 年）。但是，阿德勒反对给人贴标签，所以他只提供几种型态以作为教导人们认识各式各样生活风格的途径。当代的阿德勒心理学学者们此后也不断提出更多生活风格主题。

11. 卡尔森、华兹和马尼亚奇（2006 年，第 44 页）。

12. 阿德勒（1979 年，第 52 页）。

13. 沃尔夫（1932/1957，第 110 页）。

14. 阿德勒（1956 年，第 159 页）。

15. 德雷克斯（1989 年，第 29 页）。

16. 耶尔莱（1990 年）。勇气本身从来不算是一项美德。举例来说，根据儒家观点和柏拉图学说，"智"和"仁"乃是在"勇"之先，这三项美德不仅可以为个体的心灵带来和谐，也为共同福祉带来正义（参见第七章）。

    儒家关于智、仁、勇的思想在柏拉图《理想国》的基本理想中有明确的对应之处。《理想国》认为，和谐可以经由三种公民彼此合作的勇气得以实现，这三种类型的公民对应三种德行：理智（智慧、思考）、勇敢（意愿、勇气）以及节制（情感、温和）。我们推测，在儒家重视的三大美德、柏拉图提倡的三种德行，以及《绿野仙踪》的故事人物（稻草人的思考、狮子的勇气和铁皮人的情感）之间或许存在着一定的关联性。

17. 见注释 14。

18. 孔子（公元前 551—前 479）的《论语》，第 17 章 23 节。

19. 阿德勒（1979 年，第 275 页）。

20. 韦（1962 年）。心理学者常常将阿德勒与孔子相互对照（麦基、胡贝尔和卡特，1983 年，第 238 页）。在 1929 年出版的阿德勒的著作《生活的科学》中，梅雷在引言部分提到，阿德勒被视为西方的孔子。

21. 彼得森 & 塞利格曼（2004 年，第 29 页）。很奇怪，有些积极心理学的学者以直接或暗示的方式提出，勇气在儒家、道家和佛家思想中是缺失的（达勒斯佳德，彼得森 & 塞利格曼，2005 年，第 205 页）。其实，在这些传统思想中，勇气具有不同的含义，而且是作为一个整体融入其中的。详见本书第七、八、九章的讨论，还可参阅第二章的注释 7。

22. 见注释 14。我们关于以提升自尊为虚构目标的观点在很大程度上都包含在尼采的"权力意志中"（第 111 页）。在阿德勒看来，will to power 更接近"权能意志"，等同于追求完美，这是我们内在与生俱来的渴望克服自卑感的补偿力量。追求权力或完美就是"克服"的过程（第 114 页）。权能意志也是一种虚构目标，源自我们的自我保护倾向。然而，我们的自我倾向（Ichgebundenheit）唯有在为他人奉献的渴望中才能获得补偿。在第九章，我们将以"精神性—存在主义"为根基，再次讨论权能意志的含义，即获得丰盛生命的意志。还可参见第九章的注释 13。

23. 见注释 12。

24. 见注释 3。

25. 见注释 16。

26. 林（1937/1996，1959）；艾克斯坦因 & 库克（2005 年）。

27. 巴扎诺相信，我们正逐渐以后现代主义的视角来看待伦理道德（2006 年），这也是阿德勒的观点。人之常识（common sense）是对禅宗佛教超然智慧的一种完美补充。"在一起尚不足够，我们需要为其他人提供支持。"（第 8 页）道家"顺应自然"的概念阐明了阿德勒思想中的存在性勇气。

28. 见注释 12。阿德勒的理论假设与灵性的有神论有着本质上的区别。在阿德勒看来，神是人类持有的一个想法；但对基督徒而言，神是他自己的显示。"阿德勒认为，生命的意义在于体验到人类同胞之间的伙伴关系，并有为之努力的勇气……此外，虽然基督教充分强调鼓励的重要性，但基督教也坚信，倘若对上帝缺乏信心，生活也将缺乏勇气。"（雅恩在阿德勒著作中的评论，1979 年，第 273 页）

不过，他们毋须彼此争执，因为他们都以理解个体与世界之间的关系为关注点。在阿德勒看来，社会兴趣是人类共同体的救赎，正如天赐恩典是信仰共同体的救赎。在个体心理学中，每个人都被置于世界的中心，为人类共同体而努力。而共同体的目标是"赋能微弱者，支持失败者，疗愈失足者"。阿德勒关心的是兄弟之爱与共同福祉、人类—地球关系之间的相互关联。

"阿德勒拥有无比强大的目标，他提出了四海之内皆兄弟的设想。神学家们认为，世界是上帝的造化，而人类是上帝的杰作。由此可见，人类之间的兄弟之爱正是人类的永恒理想。"（雅恩在阿德勒著作中的评论，1979 年，第 274 页）

29. 米利伦、伊万斯和纽鲍尔（2006 年，第 109 页）。

第二章

1. 阿德勒（1964 年，第 79 页）。

2. 阿德勒（1956 年，第 134 页）。

3. 阿德勒（1979 年，第 40 页）。

当我们掌握一门新的人生技能时，社会兴趣作为倾向或能力，可以经由我们展现的态度得到最好的体现。阿德勒在下面这段话中阐述了训练的价值：

"在学习游泳时，你先会做什么？你会出错，是不是？然后会发生什么？你还会继续出错，等到你几乎把所有错误都试了一遍而且并没有因此溺水——有些错误可能会重复许多次——你会发现什么？是不是发现自己会游泳了？没错，生活就像学习游泳！不要害怕犯错，因为要想学会生活，除此之外别无他法！"（可参阅网站 http://thinkexist.com/quotes/alfred_adler/）

4. 德雷克斯（1989 年，第 8 页）。德雷克斯深入地阐述了这一困境：

"社会的矛盾要求令人困惑，一方面来自当下的生活情境，另一方面来自理想的人类社会，这是充分发展社会兴趣的个体需要考虑的。阿德勒为这一问题找到了答案。他建议从永恒的观点（sub specie aeternitatis）来看每个问题。如此，我们就可以关注并理解社会生活的基本规则，而不受条条框框的过度要求捆绑，也不会因情形或恐惧、焦虑、扭曲做法和目标强加的错误认知而受限。社会兴趣最理想的表现就是有能力面对现实环境中的合作要求，也有能力助力所属群体朝着更完美的社会生活不断发展。这意味着社会进步毋须制造敌意，因为敌意非但不能激发进步，反而只会阻碍。"

5. 见注释 3。

6. 见注释 3。

7. 根据阿德勒的观点（1979 年）：

"……唯有对社会合作有所准备的个体，方能解决生命加诸于我们的社会问题。这意味着人与人之间应当有一定程度的情感交流——努力追求社会合作，这是个体的动向法则。一旦缺乏合作，我们就会遭受失败。我已经讨论过，缺乏安全感的孩子尚未发展出适当的合作和社会成就倾向，他们构建的生活风格明显缺乏社会兴趣，因为感觉不安全的个体始终更在意自己，而非他人。他们无法摆脱自我关注。"（第 90 页；还可参阅序的注释 7）

由此可见，阿德勒关于社会兴趣正常发展的看法传递着一种深刻的爱，这也是我们在本书中阐述的博爱的精神概念以及儒家的仁爱理想。还可参阅序言中关于"全人类"的讨论，以及第一章的注释 21 和注释 28。

8. 见注释 4。德雷克斯认为：

"作为好伙伴的品质之一，合作的准备程度会在艰难的情境中得到最严峻的考验。大多数人在事情尽如人意的时候都非常愿意合作，而在不顺利的情况下继续成为一个好伙伴要困难得多。如果个人与群体之间的维系不牢固，一旦发生自己不喜欢的事情，他就很容易转身离去。个体在群体中的归属感越强，就越能对群体保持忠诚，即便不能实现个人愿望。在任何一种人际关系中，我们都不会事事如愿，所以，我们迟早会面对棘手的情境，而此时我们的行为，将显示出我们是否真的关心社会群体福祉。"

9. 阿德勒（1931/2003，第 20 页）。

10. 一个人为他人福祉奉献或成为"兄弟的守护者"的能力，和"与宇宙和谐相处"的人生任务以及"亲邻照护"的任务（参见桑斯特加德和比特在 2004 年的著作）息息相关，我们将在第八章和第九章详细阐述归属的勇气在心理和精神层面的内涵。

11. 见注释 4。强调合作和贡献的能力是社会兴趣的基本要素。阿德勒指出："每个人都必须在两种相反的社会面向中有所调整。要实现这些摆在我们面前的社会任务，意味着我们不仅需要承担眼前急迫性的义务——满足身边群体的需求，还需要满足社会进步和发展的需求。"（德雷克斯，1989 年，第 8 页）

12. 见注释 4。德雷克斯描述了个体在两种不同社会面向中做出调整的必要性：

"即使一个人有能力完全满足社会秩序和周边群体的需求——这本身就是一项不可能完成的任务，因为个体与群体有着各种各样相互矛盾的需求——但忽视了社会进步的要求，他也会在社会适应中遭遇失败。一个人也许在所有实用目的中都有良好的社会适应，比如工作有效率，是一个好丈夫、好爸爸，参与社会群体的活动……但如果他反对改变、发展和进步，依然无法承担社会责任。另一方面，如果个体只关心改变，却忽视或否认社会环境当下的要求，显然也无法适应社会。"

13. 安德烈亚斯 & 安德烈亚斯（1989 年，第 38 页）。

14. 见注释 2。

"共同体（Gemeinschaft）的意义远超过社会（society）的范畴。它包含了一种相互关联的感觉，不仅在人类共同体之间，还包括生命整体，因此也是阿德勒关于整体性的最高表达，意指人类的自我感觉是存在整体的一部分，而不必害怕自己像一个孑然一身的有机体，毫不相干地站在宇宙中。我们会在一些伟大的艺术家的作品中看到这种生命共同体的例子，比如贝多芬在音乐中表达的整体性，以及对生命的爱、同情和与之结合的渴望。"（韦，1862，第 201—202 页）

15. 见注释 2。

16. 见注释 3。

17. 在海因茨·安斯巴彻与妻子合作编纂的阿德勒著作（1979 年，第 14—16 页）中，他们提到，阿德勒心理学是一门促进心理健康的理论，而社会兴趣作为衡量心理健康的指标，对后来人本主义心理学的发展以及马斯洛的自我实现概念产生了深远的影响。

第三章

1. 斯坦因编纂的阿德勒作品（未注明出版日期）。

2. 布莱特编纂的阿德勒作品（1931/2003，第 18-19 页）。

3. 德雷克斯（1989 年，第 5 页）。

4. 韦（1962 年，第 206-207 页）。人类经常会成为自己的问题，如韦所说："外在适应本身并没有标准，一个人也许外在很成功，但在自己的眼里却是失败者；反之亦然，一个在世人眼里很失败的个体，也可能对自己感到非常满意。"（第 207 页）所以，"社会需要用一些规则和标准对个体的适应提出要求，但适应的特征和程度，当然会随着时代的不同以及社会结构的改变而有所变化"（第 206 页）。

5. 德雷克斯和莫萨克（1977b/c/d）提出了两项额外的人生任务，以求更充分地呈现人类生活的要求。他们认为第四项人生任务是个体必须学习如何与自己相处，如何面对自我。第五项人生任务则涉及人类与宇宙之间的关系。

6. 桑斯特加德和比特（2004 年）。

7. 莫萨克（1977a，第 108 页）。

8. 见注释 6。

9. 沃尔夫（1932/1957）。

10. 见注释 4，第 206-207 页。

11. 见第一章注释 13，以及与补偿、过度补偿和补偿不足相关的讨论。

12. 阿德勒（1931/2003，第 18-19 页）。

第四章

1. 沃尔夫（1932/1957，第 203 页）。

2. 部分来自 S. 奥西普的个人对话（1987 年）。

3. 在职业生涯领域使用"加入"（drop in）一词，是受到史蒂夫·乔布斯的启发。乔布斯曾担任皮克斯动画工作室和苹果公司的首席执行官。2005 年 6 月 12 日，在斯坦福大学毕业典礼的演讲中，乔布斯提到：

   "如果当年我没有休学，就不会有机会加入（drop in）那门书写课，所有的个人电脑可能就印不出现在的漂亮字体。当然，在读大学的时候，我根本不可能把这些点点滴滴预先串联在一起，但在十年后的今天回顾，一切就显得非常清晰……我再次强调，你无法预先把生活中的点点滴滴串联起来，只有日后回顾时，你才能把它们联结在一起。所以你得相信，眼前你经历的种种，将来多多少少都会联结在一起。你得相信某个东西，直觉也好，命运也好，生命也好，或者业力。这种做法从未让我失望过，我的人生也因此变得完全不同。"

4. 阿德勒（1979 年）。

5. 帕尔默（1999 年）。

6. 来自杨瑞珠的访谈（1992 年）。

7. 斯普利娜 & 林格（2008，第 201 页）。

8. 霍尔（1976 年，第 201 页）。更多关于多变职业生涯的内容，请参考以下资源：霍尔（1986 年，2002 年）、霍尔 & 米维斯（1996 年）、霍尔 & 莫斯（1998 年）。

9. "普罗修斯人"（Protean Man）来自立富顿对当代人不断改变身份认同的人格分析。希腊神话中的海神普罗修斯变幻不定，除非被抓住并用铁链锁起来，否则他就无法定型。所以他不得不回应自己内在的改变驱力，同时反映当下的环境。"普罗修斯人""不知道自己归属何处，也不知道自己是谁"（梅，1977 年），是对现代焦虑以及我们所在的瞬息万变的世界的最佳写照。根据梅的观点，我们会通过逐渐麻木的方式应对这种焦虑，比如情感上的退缩——人们对此无能为力，令感官变得迟钝，切断对威胁的觉知。

10. 霍尔 & 米维斯（1996 年，第 21 页）。

11. 斯托尔兹（2006 年）。

12. 萨维科斯（2005 年）的生涯建构理论包含作为"成功公式"的人格特质、生命主题、工作性格和生涯适应力等主要概念。苏格拉底式提问 4.5 即是他对早期回忆技术进行的创造性修改，可用于聚焦个体生涯故事的生涯建构咨询。

13. 罗森斯（2004 年）。鼓励是一种态度，相当于信念、情绪和行动的总和。简单来说，鼓励是赋予勇气的艺术（详见第十章关于鼓励的探讨）。

14. 有五种方式可以让这一机会得以出现：好奇、坚持、灵活、乐观以及冒险（杨 & 沃勒，2005 年）。这些技能可以协助我们学习如何处理想法、感受和行为，使我们在面对工作、生活的困难和障碍时，能够与自己相处得越来越自在。还可参考米切尔、莱文和克朗伯兹（1999 年）。

15. 布洛克 & 里奇蒙德（2007 年）。

16. M. 安格利安的个人交流（2005 年 4 月）。

17. 桑德伯格 & 杨（2006 年）第一次对克林特和露西的生涯情形进行了探讨。

18. 部分问题来自 2007 年俄亥俄州哥伦布市咨询教育和督导协会关于女性退休的讨论。

19. 纪伯伦（1923 年，第 25 页）。

第五章

1. 在《四种爱》（1960/1988）一书中，作者 C. S. 路易斯明确指出，他对友爱（friendship）的定义比单纯的同伴之情（companionship）更为狭窄。他认为经由共同的兴趣联结在一起才会有"友爱"。虽然路易斯也会花时间探讨性行为及其在精神层面的重要性，但在他看来，情爱（eros）不同于性爱，他将后者称为"维纳斯"（Venus）。路易斯告诫人们将情爱提升到与神同等地位的危险性，他肯定情爱可以作为对所爱之人的一种认可，但不赞同把它作为从对方那里获得愉悦的方式。

2. 比彻 & 比彻（1966 年，第 91 页）。

3. 沃尔夫（1932/1957）。

4. 见注释 2。

5. 见注释 3。

6. 见注释 3。

7. 比彻 & 比彻（1966 年）；沃尔夫（1932/1957）。

8. 德雷克斯（1971 年，第 123 页）。

9. 阿德勒（1931/2003，第 231 页）。

10. 曼萨格（2008 年）。

11. S. 德尔梅的个人交流，2008 年 9 月。

12. 斯普利娜 & 林格（2008 年）。

13. 见注释 3。此外，根据阿德勒的观点，"爱和婚姻对人类的合作必不可少——不只是为了两个人的幸福而合作，更是为了人类整体的福祉而合作"。

14. 弗洛姆（1956/2006）。

15. 约翰一书，第 4 章 18 节。主题研读本"圣经"，新国际版。

16. 巴特勒（2000 年）。

17. 见注释 1 和注释 7。

18. 见注释 7。

第六章

1. 阿德勒（1931/2003，第 117 页）。

2. 比彻 & 比彻（1966 年，第 210 页）。

3. 路易斯（Lewis，1960/1988）。

4. 德雷克斯（1971 年，第 65 页；1989 年，第 6 页）。

5. 格伦瓦尔德 & 麦卡比（1985 年，第 69 页）。

6. 莫萨克（1977a，第 198 页）。

7. 阿德勒（2006a，第 37 页）。

8. 整合自德雷克斯和索尔兹的著作（1964 年）以及丁克迈耶和卡尔森的著作（2001 年）。

9. 阿德勒（2006b，第 243 页）。

10. 约翰森（2006 年，第 239 页）。

11. 阿德勒（1956 年）。

12. 参照安斯巴彻（2006 年，第 262 页）。获得关注的目标适用于所有象限，权力和报复的目标适用于社会无用的积极行为和社会无用的消极行为。图 6.2 旨在阐述这两个向度是如何相互关联的。

13. G. 史密斯的个人交流，2007 年 12 月。

14. 尼尔森、欧文、布洛克和休斯（2002 年）。

15. 沃尔夫（1932/1957，第 231 页）。

第七章

1. 桑斯特加德和比特（2004 年，第 79 页）。

2. 萨德（2009 年）。

3. 张（2004 年）；杨（1991 年）。

4. 斯普利娜 & 林格（2008 年）。

5. 来自迪勒与杰克·劳森的访谈（1999 年，第 167 页）。

6. 社会动力问题可以分为五种主要类型。第一个常见问题是我们无法将自己和他人看作平等的个体。支配和服从都不能为我们在关系中赢得真正的尊重，因为这些做法同样反映出我们的不胜任感或恐惧。当分离性情绪出现时，不胜任感或恐惧就会激发我们想要控制、愤恨或退缩的需求。第二个问题是，等级制度的传统文化赋予男性、父母或权威人物天然的优越地位，这与个体对尊重和内在自由的需求有所冲突。第三，我们以不同的方式深受阶级、声望和财富等社会要求的影响，基于这些外在价值观的期待，我们会有意无意地竞争、对抗，以实现自我的重要性和优越感。第四，我们根据这些文化规范错误地形成必须"好"或"正确"的需求，以致围绕是非对错的道德争论阻碍了关系中的相互理解和尊重，因为他人可能会感受到挫败、压抑或能力不足。最后，我们经常意识不到行为问题实则是关系冲突的结果，而非原因。

7. 德雷克斯（1971 年，第 177 页）。

8. 见注释 6。

9. 见注释 6。还可参阅德雷克斯（1970 年）及特尔纳 & 皮尤（1978 年）。

10. 见注释 6。

11. 见注释 6。

12. 个体心理学强调的社会平等与普遍的社会正义概念大不相同，后者以约翰·罗尔斯的《正义论》（2005 年）为基础，强调权利、义务、利益、权力和资源的公平分配。而个体心理学认为，平等问题与个体的问题及社会的问题有关："为追求平等社会而进行的抗争，表达了人类对社会和谐的渴望。"（见注释 6）

13. 韦（1962 年）。

14. 孔子（公元前 551—前 479）《礼记·礼运篇》。

15. 克利里（1989 年）；杨瑞珠和米勒林（2004 年）。

16. 见注释 7。

17. 斯坦因和爱德华兹编纂的阿德勒作品（1998 年，第 285 页）。

18. W. R. 米勒（1999 年）。

19. 德雷克斯（1971 年，第 222 页）。

20. 布雷根（2008 年）。这段话取自《阿德勒对嗜酒者互诚协会的影响》初稿。

21. 《嗜酒者互诚协会》（1976 年，第 17、60 页）。我们在本书中引用的文字来自《嗜酒者互诚协会》一书的原文。档案记录显示，该书是主要作者比尔·W. 在与罗伯特·霍尔布鲁特医生和该协会最初的 100 多名会员共同磋商的过程中创作完成的。值得注意的是，嗜酒者互诚协会的思想和表达与个体心理学的概念有着极其明显的相似之处，正如这段引文所表达的，正是共同体感觉带给成瘾者的生命力和根本价值。

22. 见注释 21。"十二步骤"是 A.A. 会员应当遵循的一系列原则，加以实践不仅对成功戒酒有帮助，更重要的是，还能协助个体获得社会兴趣并为之奉献。"十二传统"本身就适用于成员的生活。以下引述第十二个步骤和第一个传统：

第十二步："在实行这些步骤并获得精神上的觉醒后，设法将这一信息传达给其他嗜酒者，并在一切日常事务中贯彻这些原则。"

第一个传统："A.A. 的每位成员都是整体的一部分。团体必须生存，否则个人无法生存。因此我们的共同利益优先，个人的康复靠的是互诚协会的团结一致。"

23. 奇弗（2004 年）。即使已经成为美国文化中最受信任和认同的领导者之一，比尔·威尔逊始终需要从母亲那里寻求抚慰。从他 11 岁起，母亲就已经不在身边，但在成年以后，他和母亲始终保持紧密的信件往来。

24. 见注释 23。

第八章

1. 《庄子·齐物论》。

2. 桑斯特加德和比特（2004 年，第 8 页）。

3. 阿德勒（1927/1992，第 156 页）。

4. 沃尔夫（1932/1957，第 198 页）。

5. 见注释 2。

6. 见注释 3。

7. 斯普利娜 & 林格（2008 年）。

8. 杨（1992 年）。

9. 莫萨克（1977c，第 105-106 页）。

10. 梅塞尔编纂的德雷克斯作品（2001 年）。

11. 米利伦，伊万斯 & 纽鲍尔（2006 年，第 109 页）。

12. 德雷克斯（1971 年，第 52 页）。

13. 杜威（1984 年，第 188 页）。

14. 见注释 3。

15. 见注释 12。

16. 德雷克斯（1989 年，第 67 页）。神经症风格是个体错误的生活风格的直接显现，包括表达方式的错误以及朝着某个目标的动向有误（隆巴德，梅尔希奥，墨菲 & 布林克霍夫，2006 年，第 209 页）。这一观点解释了阿德勒关于神经官能症是一种生活方式而非缺陷的立场。他们还指出："精神疾病诊断与统计手册（DSM-IV）的分类系统已经不再将神经官能症纳入一种诊断类别（美国精神医学学会，简称 APA，1994 年）。这说明神经官能症未必是一种失调障碍，更多的是一种整体的行为问题（第 210 页）。"

17. 此处简要呈现了阿德勒学派经典著作中讨论过的一些重要的行为例子，可参考以下资源：阿德勒（见注释 3），沃尔夫（1932/1957）及德雷克斯（1971 年）。

18. 沃尔夫（1932/1957，第 259-260 页）。

19. 见注释 18。沃尔夫在著作中阐述了逃避现实是个体神经症行为的根本动力，内容摘要详见其著作第 272-280 页。

20. 见第九章的《宁静祷文》。

21. 梅（1983 年，第 27 页）。自我认可作为勇气的概念为我们的奋斗和克服提供了精神意义。见第九章注释 5 和注释 14。

22. 梅（1977 年，第 392 页）。

23. 戈麦斯（1952/2000，xxi）。还可参考第九章注释 21。

24. 克拉考尔（1996 年，第 56 页）。

25. 见注释 24。克里斯·迈克坎德雷斯以大写的英文字母留下的一句话。在去世几周前，迈克坎德雷斯读完了托尔斯泰的《家庭幸福》，并在书中标注了以下这段内容（第 169 页）：

"他说，人生中唯一确定的幸福，就是为了他人而活。他是对的。我这一生经历了很多事情，现在，我想找到了幸福的要素。在乡间过着隐居的生活，善待那些善良而不太习惯接受别人帮助的人们；做一些有意义的事情，然后享受休息、自然、书、音乐和邻里之爱——这就是我对幸福的定义。在这些要素当中，最重要的就是有一个相互扶持的伴侣，有可能的话，一起养育孩子们——人生在世，夫复何求？"

26. 沃顿（1996b）。

第九章

1. 莫萨克（1977d，第 109-112 页）。

2. 阿德勒虽然提到创造性力量的使用乃是生命的第四个提问（阿德勒，2006a，第 36 页），但他不曾详细阐述创造性力量的本质或实体。他认为创造性力量是人类对克服的渴望，因此我们推测，创造性力量是我们精神层面许多态度的源头。斯通（2006 年，第 103 页）指出："阿德勒在使用'创造性'一词时，指的是人类会用一种建设性、独创性的方式看待自己、世界和自己应该如何行动。"

3. 康德和费英格的"仿佛"哲学影响了阿德勒在个体心理学中提出的虚构目标（斯通，2008 年）。我们的不当行为正是扭曲的"仿佛"为了自我保存带来的结果。与之相反，基于健康的心智（比如社会兴趣），当一个人表现得像是在把未来期待的结果带进当下，他 / 她就有了希望；当一个人把信念转化为行动，他 / 她就有了信心。还可参考注释 22。

4. 曼萨格（2003 年，第 65 页）。

5. 阿德勒（1979 年，第 32 页）。关于追求完美、心理动向、人类适应、发展和进化之间的相互关联，阿德勒有着进一步的描述：

   "毫无疑问，我们关于生命即发展的概念已经无可置疑。因此动向概念也同时得到了确认，包括自我保存、繁衍、联结周遭世界、避免死亡等动向。若要了解我们的生命朝着哪个方向前进，就必须从发展的路径出发，理解我们如何持续积极地适应外在世界的要求。"

   人类奋斗的概念根源于存在主义的思想。福特穆勒（1979 年）曾提到，在阿德勒的生活圈子里曾出现斯宾诺莎和尼采的追随者，而阿德勒的思想与斯宾诺莎的伦理观及存在主义的权力意志有着极深的关联。斯宾诺莎将个体朝着自我保存或自我认可努力的过程称为"力量"（power），意指克服可能会威胁或否定自我的某些东西（田立克，2000 年，第 20 页）。参考第一章注释 22 和第八章注释 21。

6. 见注释 4。

7. 麦克布莱恩（2004 年，第 413 页）。阿德勒写道："社会兴趣……从永恒的观点来看，意味着和生命整体在一起的感觉。"

8. 根据杨 & 德拉比克（2006 年）的论述。从存在主义的角度来说，弗兰克认为，受苦乃是失去意义和目标。而佛教徒相信生活即是受苦，因为生老病死是必然的，所以受苦不可避免。受苦是由欲望和执念所致。解决人类问题的根本之道在于去除我执，而减少受苦的唯一路径在于追随八正道——正见、正思维、正语、正业、正命、正精进、正念、正定，从而减少贪欲和执念。

   对道家而言，要达到生命的圆满，就意味着顺应自然天性以及两极互补调和。一旦和谐消失，受苦就会出现。若想克服受苦，最好的办法是无为而为，借着生命自然往复的力量否极泰来。

9. 路易斯（1940/1996）。从基督教的观点来看，受苦与神的恩典紧密相关。根据路易斯的解释，人能够追求的终极美好，即是因全然的敞开、脆弱和信任，决心在神的面前臣服，在爱中亲近他。一个人一生中倘若没有受过苦，人将不会或无法完全地相信神、转向神，而是会始终关注个人的目标、欲望和对世界的担忧。因此，受苦是神出于爱的赐予，让人得以经由臣服变得完美。

10. 莫萨克，布朗 & 博尔特（1994 年）。

11. 见注释 5。

12. 阿德勒（1931/2003，第 57-58 页）。

13. 若单纯将"权力"或"力量"（power）理解为关于理想自我、优越感及征服他人的目标，那就错了。参考注释 5 田立克（1952/2000）记录的斯宾诺莎关于努力和克服的观点，还可参考我们在第八章和第一章注释 22 中关于自我肯定及矛盾情绪的讨论。巴扎诺（2006 年）认为，虽然阿德勒最初采用的是康德的哲学方法，但他对心理学伦理部分的贡献，却意外地与尼采的权力意志概念结合在了一起。我们相信，个体心理学中的"权能意志"与创造性力量有关，这是我们与生俱来的对完美及克服的渴望。

然而，阿德勒学派对权能意志这个词的使用并不一致。它常被用来表示个体追求个人权力的虚构目标。阿德勒还曾用这个词描述神经官能症的特征。举例来说，阿德勒说过："我们希望指出权能意志这一重要因素，它是一个虚构目标，令人意外的是，权能意志发展得越早，力度越大，就会令生理有缺陷的孩子越自卑。"（阿德勒，1956 年，第 111 页）

14. 田立克（1952/2000，第 32 页）。还可参考第八章注释 21。

15. 萨维奇 & 尼克尔（2003 年，第 55 页）引用韦瑟黑德的话。

16. 阿德勒（1979 年，第 305-306 页）。"个体心理学希望能够训练人类同伴，因此它必须在处理错误的过程中证明同伴情谊。唯有在这种精神中，我们才能赢得犯错之人的合作；唯有通过这种方式，犯错之人才能对自己错误的生活风格获得清晰的认识。疗愈的过程必须从赢得犯错之人的合作开始。"

17. 路易斯（1961/1976，第 42-44 页）。杨（2009 年）描述离异者与丧偶者的悲痛："在悲伤与受苦之中，存在着深层的理解和渴望：我想要再次变得完整。隐身在被剥夺感的背后，其实是对完整的渴望。我不禁好奇，有没有可能，我们对死亡的悲伤只不过映照出了我们渴望的生活？"

18. 戈麦斯（1952/2000，xxi）。

19. W. R. 米勒（1999 年）指出，根据中世纪英文词根可知，接纳意味着带走、抓住或接住。

20. 比彻 & 比彻（1966 年，第 125 页）。

21. 见注释 14。田立克表示："参与和个性化的两端决定了存在的勇气的特质……唯有信任可以同时包含并超越这两端。"还可参考注释 5 以及第八章注释 23。

22. 见注释 3。在积极心理学的架构中，希望和乐观、未来意识一起被看作核心优势，代表着面向未来的积极立场（塞利格曼，2002 年，第 156-157 页）。其他关于希望的定义和概念还包括：希望仅存在于我们用它来应对绝望的时候；希望让个体得以朝着目标前进；希望是一种以目标为导向的思维方式和信念，能够带来实现目标的路径，并让我们获得运用这些路径的动力。希望既是一种认知，也是一种情绪。拥有希望的感觉属于情感领域，但要凭借希望来行动，就需要动力和积极付诸实践的计划（布雷根和杨瑞珠，2008 年）。还可以参考以下资源：斯奈德（1994 年，2000 年），斯奈德 & 洛佩兹（2000 年），高弗雷（1987 年）。

23. 杨（2009 年）引用路易斯的话。

24. 弗吉尼亚理工大学祈祷会议（2007 年 4 月 17 日）。

25. 坦普尔顿（1999 年）。博爱，源自基督教精神，也被看作世界宗教潜在的核心价值。例如马太福音第 22 章 39 节"你们要爱人如己"可以呼应儒家教导"老吾老以及人之老，幼吾幼以及人之幼"。

26. 比彻 & 比彻（1966 年，第 96 页）。

27. 华兹（1992 年，1996 年，2000 年）。

28. 哥林多前书第 13 章，第 4 至 8 节。主题研读本《圣经》，新国际版（1989 年）。

29. W. R. 米勒（2000 年）。

30. 见注释 3、22 和 29。

31. 《宁静祷文》也被用于嗜酒者互诫协会和十二步骤。

第十章

1. 奇弗（2004 年，第 43 页）。摘自比尔·威尔逊在 1951 年写给童年及一生挚友马克·沃伦的信。

2. 由于本书既面向专业带导者，也面向对自我成长和助人感兴趣的人，因此，我们在本书第三部分选择使用"勇气激发者"（courage facilitator）一词代表所有读者。

3. 桑斯特加德 & 比特（2004 年）。有自助能力的激发者是外向、自信、放松、坚定和负责任的（玛纳斯特 & 柯西尼，1982 年，第 154 页）。激发者可以拥有下列阿德勒心理学家的理想特质（参照桑斯特加德、德雷克斯和比特，1983 年）：

   ● 情感层面：坚强、温暖、友好、关爱、勇敢、幽默、积极正向。

   ● 行为层面：快速、警觉、适当的步调、胜任力。

   ● 认知层面：有见识、直觉力、思路清晰、敏锐。

4. 见注释 3。作者们介绍了"特别提问法"的背景和发展："阿德勒会问他的来访者：'如果你是健康的，那会是什么样子？'德雷克斯对这个问题做了调整，也就是后来我们在阿德勒心理学的相关著作中熟知的'特别提问法'：'如果这个症状或担忧消失了，你会再做什么？'或者'如果这个症状或担忧消失了，你的人生会有什么不同？'"（第 70 页）

5. 米利伦 & 温盖特（2004 年）。

6. 见注释 3。这个问题最初由鲍尔斯和格里菲斯设计，旨在引出人们在咨询过程中的目标。

7. 通过气馁，我们可以看到个体的生活风格缺乏勇气和共同体感觉。阿德勒学派的学者们相信，气馁（或缺乏勇气）或多或少为只求获得隐性完美目标的虚假自尊提供了保护。创造性力量使得个体得以通过某些明显的症状、借口、攻击性、保持距离、焦虑或排斥倾向来逃避人生要求（阿德勒，1956 年）。德雷克斯通过气馁儿童及气馁行为观察到四种目标：获得关注、权力之争、以伤害的方式回击，以及在预测到失败时从任务中退缩（和正文中的 4 目标说法不一，但原文如此）。

阿德勒说（斯坦因 & 爱德华兹的引用）：

"所有神经官能症和精神疾病都是气馁的不同表达形式。仅仅是鼓励患者就足以令问题逐步得到改善。每位医师及神经学学派唯有在成功传达鼓励时才能发挥作用；有时候，即便非专业人士也能做到，但唯有个体心理学在深入实践这一点。"

8. 基于注释 3。工作问题和第一个关于"成为"的问题来自罗森斯（2004 年）；第二个关于"成为"的问题来自帕尔默（1999 年）；有关精神归属的问题来自 W. R. 米勒（1999 年，第 189 页）。

9. 林格 & 维尔伯恩（1992 年，第 65 页）。

10. 米利伦、伊万斯 & 纽鲍尔（2006 年，第 116 页）。同样地，卡恩斯 & 卡恩斯（1998 年）回顾了关于鼓励的文献，发现鼓励可以被定义为一系列技巧、"成为"的有利条件，以及促成某个结果的过程。要明确定义鼓励其实是有难度的，因为它"一部分包含了一个人要做的，一部分又包含了不应该做的"（切斯顿引用阿祖莱的话，2000 年，第 298 页）。查尔森、沃兹和马尼亚奇（2006 年）认为，鼓励既是一种态度，也是一种和他人在一起的方式，这是我们的生活风格发展的一部分。

11. 切斯顿引用丁克迈耶和罗森斯的观点。艾克斯坦因（2006 年）在关于鼓励的论述中提到："许多哲学家和心理学家都认为人类只有两种最基本的情绪：爱和恐惧。鼓励传达的正是关爱和朝向他人的动向（爱）；相反，气馁常常会导致低自尊和疏离他人（恐惧）。"

艾克斯坦因将鼓励与"无形的力量"以及罗杰斯的"实现倾向"理论相关联，

这说明一种可能性，即鼓励在概念上与存在主义的权力意志以及道家思想中"柔性"的勇气（阴）有关联。鼓励是"看见他人身上迸发出的闪光点，然后像一面镜子一样将这些优点反映给对方。这为鼓励赋予了精神内涵，鼓励作为一种美德，一经实现即可在关系中滋养双方的其他美德或品质"。还可参阅丁克迈耶 & 艾克斯坦因（1996 年）。

12. 在阿德勒心理学著作中，社会有用和社会无用的态度之对比是显而易见的，比如阿德勒（1927/1992）、比彻 & 比彻（1966 年）。

13. 见注释 3。

14. 见注释 10。

15. 米勒（2000 年）。可参考第九章关于博爱作为社会兴趣及促发改变的人本条件之共同起源的讨论。

16. 见注释 3。

17. 见注释 3 关于人生任务、早期回忆及家庭星座的评估。还可参阅阿德勒（1931/2003）关于梦的讨论。

18. 阿德勒（1956 年，第 329 页）指出，唯有通过猜测，我们才能看见个体的动向，因为个体自身通常不会觉察到他 / 她是如何看待或解决问题，以及克服困难的。阿德勒还提到"猜测"的直觉就同艺术家的一种天赋：

"每个人在思考、表达或行动等方面都会显示出自己的独特性。我们总是在探讨人类的细微差别和多样性，这其中有一部分原因在于，由于语言的抽象性和限制，演说者、读者与倾听者必然需要在字里行间发现一个领域，以获得对对方真正的理解，并保持恰如其分的交流。"（第 194 页）

19. 普罗查斯卡 & 迪克莱门特（1982 年）。

20. 如欲获得关于个体心理学的咨询和心理治疗技术的详尽说明，请参阅卡尔森 & 斯拉维克（1997 年）。

21. "行为 = 刺激→反应"以及"行为 = 刺激→个体→反应"的公式参阅罗森斯，L. E.（2004 年）。

22. 摘录自鲁道夫·德雷克斯、伯尼斯·布洛尼亚·格伦瓦尔德、弗罗伊·佩珀《保持教室里的精神健康》（*Maintaining sanity in the classroom*, 2nd ed. 1982）。

23. 该活动由马克·布雷根提供，参照布雷根和杨瑞珠的著作（2009 年）。

跋

1. 主题研读本《圣经》，新国际版（1989 年）。

图书在版编目（CIP）数据

当阿德勒谈勇气 /（美）杨瑞珠，（美）艾伦·米勒
林，（美）马克·布雷根著；花莹莹译 . -- 上海：上海
三联书店，2023.7
ISBN 978-7-5426-8074-7

I.①当… II.①杨…②艾…③马…④花… III.
①阿德勒（Adler，Alfred 1870—1937）—心理学—通俗读物
IV. B848-49

中国国家版本馆 CIP 数据核字（2023）第 108953 号

当阿德勒谈勇气

著 者	［美］杨瑞珠 艾伦·米勒林 马克·布雷根
译 者	花莹莹
总 策 划	李 娟
执行策划	王思杰
责任编辑	杜 鹃
营销编辑	张 妍
装帧设计	潘振宇
监 制	姚 军
责任校对	王凌霄

出版发行 上海三联书店
（200030）中国上海市漕溪北路331号 A 座6楼
邮 箱 sdxsanlian@sina.com
邮购电话 021-22895540
印 刷 北京盛通印刷股份有限公司

版 次 2023年7月第1版
印 次 2023年7月第1次印刷
开 本 787mm×1092mm 1/32
字 数 221千字
印 张 13.125
书 号 ISBN 978-7-5426-8074-7/B·849
定 价 66.00元

敬启读者，如发现本书有印装质量问题，请与印刷厂联系15901363985

人啊，认识你自己！